Wissenschaftliche Reihe Fahrzeugtechnik Universität Stuttgart

Reihe herausgegeben von

Michael Bargende, Stuttgart, Deutschland

Hans-Christian Reuss, Stuttgart, Deutschland

Jochen Wiedemann, Stuttgart, Deutschland

Das Institut für Fahrzeugtechnik Stuttgart (IFS) an der Universität Stuttgart erforscht, entwickelt, appliziert und erprobt, in enger Zusammenarbeit mit der Industrie, Elemente bzw. Technologien aus dem Bereich moderner Fahrzeugkonzepte. Das Institut gliedert sich in die drei Bereiche Kraftfahrwesen, Fahrzeugantriebe und Kraftfahrzeug-Mechatronik. Aufgabe dieser Bereiche ist die Ausarbeitung des Themengebietes im Prüfstandsbetrieb, in Theorie und Simulation. Schwerpunkte des Kraftfahrwesens sind hierbei die Aerodynamik, Akustik (NVH), Fahrdynamik und Fahrermodellierung, Leichtbau, Sicherheit, Kraftübertragung sowie Energie und Thermomanagement – auch in Verbindung mit hybriden und batterieelektrischen Fahrzeugkonzepten. Der Bereich Fahrzeugantriebe widmet sich den Themen Brennverfahrensentwicklung einschließlich Regelungs- und Steuerungskonzeptionen bei zugleich minimierten Emissionen, komplexe Abgasnachbehandlung, Aufladesysteme und -strategien, Hybridsysteme und Betriebsstrategien sowie mechanisch-akustischen Fragestellungen. Themen der Kraftfahrzeug-Mechatronik sind die Antriebsstrangregelung/Hybride, Elektromobilität, Bordnetz und Energiemanagement, Funktions- und Softwareentwicklung sowie Test und Diagnose. Die Erfüllung dieser Aufgaben wird prüfstandsseitig neben vielem anderen unterstützt durch 19 Motorenprüfstände, zwei Rollenprüfstände, einen 1:1-Fahrsimulator, einen Antriebsstrangprüfstand, einen Thermowindkanal sowie einen 1:1-Aeroakustikwindkanal. Die wissenschaftliche Reihe „Fahrzeugtechnik Universität Stuttgart" präsentiert über die am Institut entstandenen Promotionen die hervorragenden Arbeitsergebnisse der Forschungstätigkeiten am IFS.

Reihe herausgegeben von
Prof. Dr.-Ing. Michael Bargende
Lehrstuhl Fahrzeugantriebe
Institut für Fahrzeugtechnik Stuttgart
Universität Stuttgart
Stuttgart, Deutschland

Prof. Dr.-Ing. Jochen Wiedemann
Lehrstuhl Kraftfahrwesen
Institut für Fahrzeugtechnik Stuttgart
Universität Stuttgart
Stuttgart, Deutschland

Prof. Dr.-Ing. Hans-Christian Reuss
Lehrstuhl Kraftfahrzeugmechatronik
Institut für Fahrzeugtechnik Stuttgart
Universität Stuttgart
Stuttgart, Deutschland

Carlos Peiró Frasquet

Digitale Zertifizierung der aerodynamischen Eigenschaften von schweren Nutzfahrzeugen

Carlos Peiró Frasquet
IVK, Fakultät 7, Lehrstuhl für
Kraftfahrwesen
Universität Stuttgart
Stuttgart, Deutschland

Zugl.: Dissertation Universität Stuttgart, 2024
D93

ISSN 2567-0042 ISSN 2567-0352 (electronic)
Wissenschaftliche Reihe Fahrzeugtechnik Universität Stuttgart
ISBN 978-3-658-46397-7 ISBN 978-3-658-46398-4 (eBook)
https://doi.org/10.1007/978-3-658-46398-4

Die Deutsche Nationalbibliothek verzeichnet diese Publikation in der Deutschen Nationalbibliografie; detaillierte bibliografische Daten sind im Internet über https://portal.dnb.de abrufbar.

Planung/Lektorat: Friederike Lierheimer
Springer Vieweg ist ein Imprint der eingetragenen Gesellschaft Springer Fachmedien Wiesbaden GmbH und ist ein Teil von Springer Nature.
Die Anschrift der Gesellschaft ist: Abraham-Lincoln-Str. 46, 65189 Wiesbaden, Germany

Vorwort

Die vorliegende Arbeit entstand während meiner Zeit als wissenschaftlicher Mitarbeiter am Institut für Fahrzeugtechnik Stuttgart (IFS).

Bei meinem Doktorvater, Herrn Prof. Dr.-Ing. Andreas Wagner, möchte ich mich für die hervorragende Betreuung während der Promotion sowie für die Übernahme des Hauptberichts herzlich bedanken. Mit seinen Anregungen, seinem Wissen und seiner Erfahrung im Bereich des Kraftfahrwesens war er stets ein kompetenter und motivierender Sparringspartner.

Herrn Prof. Dr.-Ing. Jochen Wiedemann danke ich recht herzlich sowohl für das mir entgegengebrachte Vertrauen als auch für die Möglichkeit, die hervorragenden Anlagen des IFS nutzen zu dürfen. Diese stellen das solide Fundament für meine Forschungsarbeit dar.

Darüber hinaus danke ich meinen Bereichsleitern, Herrn Dipl.-Ing. Nils Widdecke, Herrn Dr.-Ing. Timo Kuthada und Herrn Dr.-Ing. Felix Wittmeier, die mich während meiner Zeit am IFS unterstützt haben.

Auch bei all meinen Kollegen aus dem Bereich Fahrzeugaerodynamik und Thermomanagement sowie des Modellwindkanals bedanke ich mich herzlich. Hervorheben möchte ich dabei Daniel Stoll, Christoph Schönleber, Stefan Schmidt und Marcus Auch.

Die vorliegende Dissertation ist im Rahmen verschiedener Forschungsprojekte der Forschungsvereinigung Automobiltechnik (FAT) entstanden. Aus diesem Grund möchte ich mich beim Arbeitskreis 9 „Nutzfahrzeug Aerodynamik" der FAT für die regen Diskussionen und die Unterstützung während der vergangenen Jahre bedanken. Besonderer Dank gilt an dieser Stelle Herrn Michael Wildhagen und Herrn Stefan Kopp für die Leitung des AK 9.

Zu guter Letzt bedanke ich mich von Herzen bei meiner Familie und insbesondere bei meiner Frau Sonja für ihren unermüdlichen Beistand in dieser intensiven Zeit.

Carlos Peiró Frasquet

Inhaltsverzeichnis

Abbildungsverzeichnis

Tabellenverzeichnis

Formelzeichen

A_{ij}	$m^{5/2}/s$	„Wurzel“ der Fourier-Koeffizienten
A_x	m^2	Projizierte Fahrzeugstirnfläche
c_p	-	Statischer Druckbeiwert
c_W	-	Luftwiderstandsbeiwert
c_{Vent}	-	Ventilationsbeiwert
C_{ij}	m/s	Fourier-Koeffizienten
C_{xx}	-	Autokovarianzfunktion
C_1, C_2	-	„Konstanten“ des spektralen Tensors
f	-	Wahrscheinlichkeitsfunktion
$f_{Einlass}$	Hz	Frequenz am Einlass
f_i	Hz	Diskreter Frequenzwert
$\mathrm{f}_{\mathrm{i}}^{eq}$	-	Gleichgewichtsverteilung
f_{Karman}	Hz	Frequenz der von-Kármán Spektren
f_s	Hz	Abtastfrequenz
F	N	Externe Kräfte
F_W	N	Luftwiderstandskraft

F_{Vent}	N	Ventilationswiderstand
G_{xx}	m²/s	Autoleistungsdichtespektrum in Koordinatenrichtung
I_x,I_y,I_z	%	Turbulente Intensität in Koordinatenrichtungen
k_i	1/m	Wellenzahlvektoren in Koordinatenrichtungen
$K1$	-	Courant-Zahl
l_{char}	m	Charakteristische Länge
$L_{D,i}$	m	Länge der Box in Koordinatenrichtungen
L_i	m	Turbulentes Längenmaß in den drei Koordinatenrichtungen
L_{Mann}	m	Turbulente Länge der Mannmethode
M_{Vent}	Nm	Ventilationsmoment
m_i	-	Vektor zur Aufspannung der Wellenzahlvektoren entlang der Koordinatenrichtungen
n_j	-	Gauß´sche Normalverteilung
N	-	Anzahl diskreter Werte
N_i	-	Anzahl Punkte in Koordinatenrichtungen
p	N/m²	Statischer Druck
p_∞	N/m²	Statischer Druck der ungestörten Anströmung
q_∞	N/m²	Dynamischer Druck der ungestörten Anströmung

Re	-	Reynoldszahl
$S_{xx}, S_{yy,zz}$	m^2/s	von-Kármán Spektren in Koordinatenrichtungen
t_i	s	Diskreter Zeitwert
t_{Sim}	s	Simulationszeit der Strömungsberechnung
T_i	s	Charakteristisches Zeitmaß
T_f	s	Zeitliche Länge des Signals
u, v, w	m/s	Geschwindigkeitskomponenten
u', v', w'	m/s	Geschwindigkeitsfluktuation in Koordinatenrichtungen
U	m/s	Fouriertransformierte eines Geschwindigkeitssignals
v_{Fzg}	m/s	Fahrzeuggeschwindigkeit
$\bar{v}_{res}$	m/s	Resultierende Strömungsgeschwindigkeit
$\bar{v}_{res,x}, \bar{v}_{res,y}$	m/s	Komponenten resultierender Strömungsgeschwindigkeit
v_{Wind}	m/s	Windgeschwindigkeit
v_x	m/s	Longitudinale Komponente der Windgeschwindigkeit
v_y	m/s	Querkomponente der Windgeschwindigkeit
v_∞	m/s	Anströmgeschwindigkeit
V	m^3	Volumen der simulierten Box

x, y, z		Koordinatenrichtungen
α	°	Windrichtung
$\alpha\varepsilon^{\frac{2}{3}}$	$m^{4/3}/s^2$	Dissipation der turbulenten kinetischen Energie
β	°	Anströmwinkel
β_{Mann}	-	Dimensionslose Zeit
Γ	-	Parameter zur Kontrolle der Anisotropie
ς_1, ς_2	-	„Konstanten“ des spektralen Tensors
ν	m^2/s	Kinematische Viskosität
ξ	m/s	Makroskopische Geschwindigkeit
ρ	kg/m^3	Dichte von Luft
ρ_{xx}	-	Autokorrelationsfunktion
σ		Standardabweichung
σ^2		Varianz
τ	s	Zeitverschiebung
τ_{LBM}	s	Relaxationszeit
τ_{Wirbel}	s	Wirbellebensdauer
Φ_{ij}	m^5/s^2	Spektraler Tensor
ω	rad/s	Winkelgeschwindigkeit
Ω		Kollisions-Operator

Abkürzungen

EU	Europäische Union
FAT	Forschungsvereinigung Automobiltechnik
FKFS	Forschungsinstitut für Kraftfahrwesen und Fahrzeugmotoren Stuttgart
IFS	Institut für Fahrzeugtechnik Stuttgart
CFD	Computational Fluid Dynamics
SAE	Society of Automotive Engineers
NSG	Navier-Stokes-Gleichungen
LBM	Lattice-Boltzmann-Methode
VR	Variable Resolution
INST	Charakteristisches Messsignal
MM	Mann-Methode
KMB	Hybrides Verfahren
MRF	Multiple Reference Frame
SM	Sliding Mesh
IBM	Immersed Boundary Method
PIV	Particle Image Velocimetry

Zusammenfassung

Anforderungen an die Wirtschaftlichkeit und umweltbezogenen Aspekte von Nutzfahrzeugen erfordern eine permanente Steigerung der Effizienz in diesem Fahrzeugsegment. Die Reduktion von Schadstoffemissionen und des Kraftstoffverbrauchs sind zentrale Bestandteile der Forschung und Entwicklung im Nutzfahrzeugbereich. Die Rolle der Nutzfahrzeugaerodynamik gewinnt dabei zunehmend an Bedeutung, was sich auch insbesondere im Hinblick auf die starken CO_2-Regularien sowie in der aktuellen europäischen Zertifizierungsprozedur widerspiegelt.

Die Europäische Union legt anhand der Verordnung (EU) 2019/1242 [1] klare Ziele zur Senkung der CO_2-Emissionen von schweren Nutzfahrzeugen fest. Um diese zu erreichen, hat die EU-Kommission eine Zertifizierungsprozedur ins Leben gerufen, bei der mithilfe von Fahrversuchen und dem Softwarepaket VECTO Air Drag die Deklaration des durch den Luftwiderstand entstehenden CO_2-Ausstoßes ermittelt werden muss. Diese Prozedur ist allerdings besonders ressourcenintensiv und mit einer hohen technischen Komplexität verbunden.

Die numerische Strömungssimulation stellt an dieser Stelle eine effiziente und kostengünstigere Alternative dar, um den Luftwiderstand von Nutzfahrzeugen zu bestimmen. Aus diesem Grund wird in der vorliegenden Arbeit die numerische Strömungssimulation um zwei wesentliche Aspekte erweitert, die zur Abweichung zwischen den numerisch und den im Fahrversuch gewonnenen Luftwiderstandsbeiwerten beitragen. Dabei wird auf die Modellierung einer realitätsnahen Anströmsituation in der numerischen Strömungssimulation eingegangen sowie ein besonderes Augenmerk auf die numerische Abbildung der Radrotation und den aerodynamischen Beitrag der Räder gelegt. Durch diese Erweiterungen wird die Vergleichbarkeit mit dem Fahrversuch gewährleistet und entsprechend das Potenzial der numerischen Strömungssimulation als digitale Zertifizierungsprozedur aufgezeigt.

Die aerodynamische Entwicklung von Nutzfahrzeugen erfolgt üblicherweise im Windkanal und mithilfe numerischer Strömungssimulation. Dabei wird klassischerweise der Luftwiderstandsbeiwert unter einer turbulenzarmen Anströmung bestimmt. In der Realität ist ein Nutzfahrzeug jedoch einer

Vielzahl an Umwelteinflüssen ausgesetzt. Durch den natürlichen Wind, die Topografie des Geländes und die Interaktion mit anderen Verkehrsteilnehmern erfährt dieses auf der Straße eine instationäre und turbulente Anströmung. Die Vernachlässigung derartiger Anströmeinflüsse in der herkömmlichen Strömungssimulation sorgt für große Diskrepanzen zwischen dem numerisch berechneten und dem im Fahrversuch ermittelten Luftwiderstand. Für eine korrekte Bestimmung des Luftwiderstandsbeiwerts in der numerischen Strömungssimulation ist es folglich erforderlich, diesen auch unter einer zeitlich und räumlich variierenden Anströmung zu untersuchen.

Zu diesem Zweck wird in dieser Arbeit auf die aerodynamischen Eigenschaften von Nutzfahrzeugen unter instationären Windverhältnissen eingegangen. Der Einfluss der Strömungssituation auf die instationären Kräfte wird anhand der Analyse der Fahrversuchsergebnisse und numerischer Strömungssimulation untersucht. Dafür wird zunächst die Strömungssituation im Fahrversuch charakterisiert. Die Fahrversuche finden auf dem Dekra Prüfgelände in Klettwitz statt und werden jeweils mit zwei unterschiedlichen Prüffahrzeugen der Firma MAN Truck&Bus durchgeführt. Neben der Charakterisierung der Anströmung und der turbulenten Merkmale, die ein Nutzfahrzeug im Fahrversuch erfährt, wird deren Auswirkung auf den Luftwiderstandsbeiwert mit VECTO Air Drag analysiert.

Zur Abbildung der natürlichen Windverhältnisse in der Strömungssimulation mithilfe einer instationären Anströmung werden drei unterschiedliche Modellierungsansätze untersucht. Die resultierenden implementierten Anströmverfahren unterscheiden sich hinsichtlich der Modellierung der vorgegebenen Anströmtopologie.

Als Untersuchungsobjekt dient eine Zugmaschine Modell TGA 18.480 des Herstellers MAN Truck&Bus und ein Krone 3-Achs-Sattelauflieger mit Kofferaufbau des Typs Dry Liner. Als Bezugspunkt erfolgt zunächst eine Betrachtung des Nutzfahrzeugs unter stationären Anströmbedingungen. Dabei werden zur vereinfachten Darstellung der Windverhältnisse sowohl Frontal- als auch Schräganströmungen berücksichtigt. Anschließend erfolgt die Untersuchung des Nutzfahrzeugs unter instationären Anströmbedingungen zur Abbildung der zeitabhängigen Windverhältnisse. Dafür werden zwei unterschiedliche Strömungssituationen aus den Fahrversuchen mit den jeweiligen angewendeten Anströmverfahren abgebildet. Im Fokus dieser Untersuchungen steht neben der Studie der Auswirkung auf den Gesamtluftwiderstandsbeiwert und dem Vergleich mit dem Fahrversuch auch die Analyse der zeitlichen Entwicklung des Luftwiderstands und dessen Entstehungsmechanismen. Während eine ideale Frontalanströmung mit herkömmlichen Anströmverfahren eine Abweichung zum Fahrversuchsergebnis von ca. 15,4 % darstellt, beträgt diese unter der Abbildung der instationären Windverhältnisse in der Strömungssimulation nur 8,5 % bis 4,1 %. Es wird gezeigt, dass die Anströmverfahren eine zufriedenstellende Übereinstimmung mit den unterschiedlichen Strömungssituationen aufweisen. Hierzu werden die numerisch gewonnenen Ergebnisse den in den Fahrversuchen ermittelten Beiwerten gegenübergestellt. Dabei zeigt die Streubreite der numerischen Untersuchungen ein vergleichbares Verhalten zu der Streuung der Fahrversuchsergebnisse.

Zum anderen werden die rotatorischen aerodynamischen Verluste der Räder von Nutzfahrzeugen in der Regel vernachlässigt. Der Grund dafür ist, dass keine geeigneten 1:1 Windkanäle existieren, welche die Messung der aerodynamischen Kräfte an den Nfz-Rädern unter realitätsnahen Bedingungen ermöglichen. Außerdem werden Nfz-Räder üblicherweise aufgrund ihrer geschlossenen Felgen als aerodynamisch unkritisch betrachtet, sodass deren Modellierung in der herkömmlichen Strömungssimulation stark vereinfacht wird. Der aerodynamische Rotationswiderstand der Räder am Nutzfahrzeug, auch Ventilationswiderstand genannt, wird jedoch im Fahrversuch implizit gemessen. Die Vernachlässigung dieser aerodynamischen Verluste in der Strömungssimulation sorgt für Abweichungen zwischen dem numerisch berechneten und dem im Fahrversuch ermittelten Luftwiderstand. Für eine korrekte Bestimmung des Luftwiderstandsbeiwerts in der numerischen Strömungssimulation ist es entsprechend notwendig, diesen um den Ventilationswiderstand der Nfz-Räder zu erweitern. Dafür wird in der vorliegenden Arbeit eine Prozedur zur Studie und Bestimmung des Ventilationswiderstands von Nfz-Rädern in der numerischen Strömungssimulation definiert und validiert. Der Einfluss der Laufflächentopologie der Bereifung und Felgenform auf die aerodynamischen Eigenschaften der Nfz-Räder werden untersucht. Zunächst wird ein Viertelfahrzeugmodell im Maßstab 1:4,5 zur Untersuchung des Ventilationswiderstands im Modellwindkanal der Universität Stuttgart entwickelt. Die Außenhaut des Fahrzeugmodells orientiert sich an der Geometrie des generischen FAT-Sattelzugs [2]. Zudem ermöglicht eine modulare Bauweise der Räder am Fahrzeugmodell die effiziente Untersuchung verschiedener Bereifungen und Felgenformen. Der Beitrag des Ventilationswiderstands der Räder und deren Variationen wird nicht nur anhand von Kraftmessungen untersucht, sondern auch mit PIV-Messung der relevanten Strömungsfelder begleitet.

Parallel zu den Modellwindkanalversuchen wird eine Prozedur zur realitätsgetreuen und effizienten Abbildung drehender Räder in der numerischen Strömungssimulation definiert und untersucht. Hierbei muss die Prozedur in der Lage sein, einen hohen Detaillierungsgrad zu liefern, komplexe Strömungsverhältnisse abzubilden und eine genaue Bestimmung des Ventilationsmoments eines Rads zu ermöglichen. Die Untersuchungen im Modellwindkanal spielen an dieser Stelle eine wesentliche Rolle, da diese zur Validierung der Prozedur dienen. Der Abgleich der Kräfte und der Strömungstopologie weist eine sehr gute Übereinstimmung zwischen den experimentell gewonnenen und den berechneten Ergebnissen auf.

Zur Verifizierung der Effekte am Gesamtfahrzeug dient erneut die obengenannte Sattelzugkonfiguration mit einer Zugmaschine des Herstellers MAN Truck&Bus und einem 3-Achs-Sattelauflieger von Krone. Aufgrund ihrer konstruktiven Natur sind bei Nutzfahrzeugen unterschiedliche Radkonfigurationen zu finden. Hierbei handelt es sich um verschiedene Achsenkonfigurationen mit einer variierenden Radanzahl, Radhausform, Felgenform oder Bereifung. Diese stellen seitens der Aerodynamik verschiedene Anströmsituationen dar, die zur korrekten Bestimmung des Ventilationswiderstands des Gesamtfahrzeugs untersucht werden. Die zu untersuchenden Nutzfahrzeugräder vom Typ 315/70 R 22.5 werden in der numerischen Strömungssimulation mit deformationsfreien Bereifungen abgebildet. Diese werden mit zwei unterschiedlichen Laufflächentopologien ausgestattet, welche sich an den Bereifungen der Firma Continental AG orientieren. Zur Ermittlung des Beitrags der Felgen auf den Ventilationswiderstand werden Originalfelgen sowie zwei zusätzliche aerodynamisch verbesserte Felgen berücksichtigt. Es wird gezeigt, dass der Einfluss der profilierten Lauffläche unabhängig von der Felgenform und der Achsenzugehörigkeit eine Erhöhung des Ventilationswiderstands des Rads von 180 % bis 290 % aufweist. Die Auswirkungen des Anbringens von aerodynamisch verbesserten Felgen und Radkappen auf den Ventilationswiderstand ist stark abhängig von der Anströmsituation des Rads.

Die numerisch gewonnenen Ergebnisse werden den in den Fahrversuchen ermittelten Beiwerten gegenübergestellt. Dafür werden Nutzfahrzeugkonfigurationen, bei denen unterschiedliche Bereifungskombinationen an den verschiedenen Achsen angebracht werden, in der numerischen Strömungssimulation untersucht. Eine erhebliche Steigerung des Ventilationswiderstands ist bei Konfigurationen mit überwiegend profilierter Bereifung zu erwarten, welche üblicherweise bei schweren Nutzfahrzeugen im europäischen Raum eingesetzt werden. Es wird gezeigt, dass der Ventilationswiderstand eines derartigen schweren Nutzfahrzeugs 1,3 % bis 4,3 % des gesamten Luftwiderstandsbeiwerts darstellt.

Die Abbildung der instationären Anströmung und die Berücksichtigung des Ventilationswiderstands in der numerischen Strömungssimulation sorgen folglich für eine substanzielle Reduktion der Abweichung zwischen dem numerisch berechneten und dem im Fahrversuch ermittelten Luftwiderstandsbeiwert eines schweren Nutzfahrzeugs. Zudem zeigt die numerische Strömungssimulation ein sensitives Verhalten auf Änderungen der Strömungssituation sowie eine vergleichbare Streubreite wie der Fahrversuch und weist dadurch eine solide Basis für deren Betrachtung in der Zertifizierung von Nutzfahrzeugen auf.

Abstract

The European Union has set clear targets for reducing CO_2 emissions from heavy duty vehicles (HDVs) through Regulation (EU) 2019/1242. In order to achieve these targets, the EU Commission has established a certification procedure for the declaration of CO_2 emissions caused by HDVs. According to Regulation (EU) 2017/2400, the air drag of HDVs must be determined by means of on-road tests and the VECTO Air Drag software package. The constant-speed test is the only on-road test procedure recognised by the EU Commission for evaluating the drag coefficient of HDVs. Furthermore, this test procedure is particularly demanding in terms of resources and technical complexity.

As a result, the constant-speed testing on test tracks has become a key factor in the CO_2 certification of heavy-duty vehicles. However, the aerodynamic properties of HDVs are commonly determined during the vehicle development phase using wind tunnels or computational fluid dynamics (CFD). Both methods only recreate an idealized steady-state low turbulence flow environment and reproduce a simplified treatment of the wheel rotation. Moreover, the dimensions of the HDV limit the scope of the experimental investigations in a wind tunnel. These constraints have shown to underpredict the aerodynamic forces that are determined under on-road conditions and have yet impeded the use of wind tunnels or CFD for CO_2 certification.

In this work, the conventional flow simulation is improved to minimise the deviation of the numerically obtained drag coefficients from the coefficients determined in the road test. The simplified flow conditions and the numerical representation of the wheel rotation used in state-of-the-art CFD can be identified as relevant influencing aspects. Improving these aspects in CFD ensures comparability with the on-road test and demonstrates the potential of CFD as a digital certification method for HDVs.

Firstly, the constant-speed test procedure and the VECTO Air Drag software for determining air drag coefficient in on-road tests are analyzed. For this purpose, a large number of on-road tests are evaluated. These are carried out by the companies MAN Truck&Bus and IPW Automotive on the test oval at the Dekra Automobile Test Centre in Klettwitz. A tractor model TGA 18.480

of the manufacturer MAN Truck&Bus and a Krone 3-axle semi-trailer of the type Dry Liner serve as test vehicle. The test vehicle is also equipped with two wheel-torque meters and an ultrasonic anemometer. This test procedure is based on the determination of the driving resistance during a test run at a higher driving speed (high speed run) with the air resistance as the dominant loss and also during a test run at a lower driving speed (low speed run) with the rolling resistance as the dominant loss. In this way, the software VECTO Air Drag can be used to evaluate the air resistance in the on-road test on the basis of the measured driving resistance and calculate the corresponding air drag coefficient. Important prerequisites are, on the one hand, that the speed is kept as constant as possible over the measurement period (constant speed) and, on the other hand, that the test track must be suitable, in particular almost free of inclination. In addition, the oncoming flow velocity and yaw angle recorded by the anemometer mounted on the HDV are used to characterize the flow situation experienced by the HDV during the on-road test.

The recorded measurement signals contain not only information on wind direction and strength, but also the inherent influences of the topography of the test track. The turbulence characteristics of the oncoming flow are also examined on the basis of the recorded measurement signals of the flow quantities. The characterization of the flow situation thus provides a description of the flow conditions to be expected on a specific test track. From the experimental data measured on the test track, several representative unsteady flow situations are identified and characterized. It is shown that the unsteady flow experienced by a HDV on the test track behaves like a statistical normal distribution. In the case of predominant crosswind conditions on the test track, a larger amplitude spectrum of the yaw angle is to be expected. This fact leads to changes in the turbulent properties such as larger turbulent length scales and higher turbulent intensities of the transverse component of the oncoming flow. The observed flow behaviour is in good agreement with the corresponding experimental results found in the literature.

The flow conditions specified in conventional CFD are based on the low-turbulence flow in the wind tunnel, whereas the flow situation in on-road tests is subject to a spatially and temporally varying flow topology. The vehicle is accordingly exposed to several environmental influences such as natural wind and topography. Therefore, the drag coefficient in CFD must be determined under realistic flow conditions. A CFD approach is presented that takes into account the on-road wind conditions. The above presented flow situations from the test track with different turbulent length scales, turbulent intensities and yaw angle amplitude-spectra are modelled utilizing different methods. The aim of the developed methods is to reproduce the natural stochastic crosswind characteristics. They generate boundary conditions for the CFD simulations that are either based directly on a measurement signal recorded during the on-road testing or reproduce the wind conditions using calculated synthetic fluctuation fields. When modelling the unsteady flow using a characteristic measurement signal from the on-road test, representative measurement windows are selected that correctly reflect the wind conditions and the flow situation of the corresponding road test. The measurement signals from the anemometer are processed and low-pass filtered using measurement signal analysis. On the other hand, the synthetic fluctuations approach of the Mann method, which has its origins in wind engineering, makes it possible to reproduce the turbulent velocity fluctuations of the natural wind. A three-dimensional stochastic fluctuation field is created by calculating the covariances, analysing the von-Kármán spectra and superimposing a Gaussian distribution as envisaged by the Mann method. The implemented method only requires a description of the turbulence properties from the road test. It is shown that the method based on reproducing measurement signals makes it possible to map a non-homogeneous and anisotropic flow. However, the specified boundary condition refers to a signal that is recorded at only one point in the flow field, meaning the HDV in CFD experiences a planar oncoming flow, whereas in a real flow situation, spatial properties would also be present. The second method instead generates a synthetic fluctuation field, which is an unsteady and spatially variable flow field, which must be superimposed on a specific oncoming flow situation, such as a frontal inflow. Finally, the above approaches are combined to produce hybrid boundary conditions that synergistically exploit the properties of the original methods.

The investigated HDV is the same tractor-trailer configuration as the test vehicle used in the on-road tests. The commercial CFD code Simulia PowerFLOW is used for all numerical simulations. PowerFLOW is widely used in the automotive industry, a large number of validation reports can be found in the literature. The underlying Lattice-Boltzmann method is based on the mesoscopic kinetic theory that considers particle distribution tracking and is inherently transient.

Two different flow situations are investigated in order to gain precise knowledge of the accuracy and sensitivity of the methods used to model the unsteady flow in CFD. These were recorded and characterised in various driving tests under different wind conditions. First, the wind conditions are considered as stationary according to the state of the art and modelled using a stationary cross flow. It is shown that with a stationary cross flow with a constant yaw angle of $\beta=3°$, the drag coefficient increases by 7.6 % compared to the ideal frontal flow. The simulated transient flow situations represent the on-road flow and cause higher drag forces when compared to the conventionally imposed boundary conditions. The results show good agreement to corresponding measurements from constant-speed testing under on-road conditions. While an ideal frontal flow with state-of-the-art CFD represents a deviation from the on-road test result of approximately 15.4 %, this amounts 8.5 % to 4.1 % when the unsteady wind conditions are represented in the flow simulation.

On the other hand, the rotational aerodynamic losses of the wheels –the so-called ventilation drag– are implicitly measured by the wheel-torque meter during on-road tests and directly taken into account on the total aerodynamic drag. However, the ventilation drag is usually neglected in state-of-the-art CFD or it just cannot be measured in wind tunnel testing. This is due to the fact that there is no full-scale wind tunnel for this type of vehicle with a suitable belt system for the simulation of the wheel rotation. Furthermore, the ventilation drag of HDV wheels has been neglected in CFD due to their almost completely closed rim design. This fact leads to an underprediction of the aerodynamic forces in comparison to the results under on-road conditions when performing constant-speed tests.

In order to investigate the ventilation drag of HDV wheels in CFD, a 1:4.5 scale tractor-trailer model is designed and manufactured. The developed vehicle model generates a flow topology in the vicinity of the wheels that is comparable to a real HDV. The shape of the vehicle model is based on the generic tractor-trailer of the German Association for Research in Automotive Technology (FAT). A modular design of the wheels enables the investigation of different rim and tread geometries. The experimental investigations are carried out in the Model Scale Wind Tunnel of the University of Stuttgart. Force measurements with the wind tunnel balance and flow field measurements with a Particle Image Velocimetry (PIV) system are taken on different HDV wheel configurations. The focus is on the ventilation drag of different treaded tires and rim topologies. The experiments aim to identify the relevant flow features and also provide a database for the definition and validation of a method for analyzing the ventilation drag in CFD.

Determining the ventilation drag of a wheel in CFD requires an accurate representation of the wheel as well as a realistic and time-dependent modeling of the rotation. Design and topological features of the wheel should be taken into consideration. The level of detail of the rim shape as well as the representation of the tire tread and the tire contact patch play an important role in the quality of the results. In addition, the flow conditions around the wheel are highly complex. The numerically correct modelling of the vortex structures strongly influences the effects to be investigated. The approach for modeling the rotation of HDV wheels applied in this work combines several methods: Wall boundary conditions with a given tangential velocity are applied to the axisymmetric regions of the wheel such as the wheel shoulder or the tread with longitudinal grooves. The rims are enclosed in isolated volumes, which physically rotate when applying the sliding-mesh method. The patterns of the treaded tires are modeled by means of the immersed boundary method. Finally, since the tires are represented as deformation-free, it is not necessary to consider shape changes on the tire shoulder. To represent the contact patch in the simulation, the tires penetrate the respective belts.

The CFD approach is validated by comparing it with the wind tunnel test results. It is shown that the forces and flow fields from the CFD are in very good agreement with the experimental results and reflect the predictive accuracy and sensitivity of the test in determining the ventilation torque of a wheel. The CFD approach used is therefore capable of predicting the aerodynamic forces, the flow topology, and the changes in the flow field due to geometric changes on the wheel observed in the wind tunnel. Accordingly, the ventilation drag of a full scale tractor-trailer can investigated with the presented and validated CFD approach.

Again, the HDV investigated is the same tractor-trailer configuration as the on-road test vehicle. The HDV wheels of type 315/70 R 22.5 to be investigated are modelled in CFD with deformation-free tires. These are equipped with two different tread topologies, which are based on the tires from Continental AG. To analyse the contribution of the rims to the ventilation drag, the original rims on the tractor unit and the semi-trailer are first considered as a reference. In addition, the aerodynamically improved rim shapes are investigated. Due to their design nature, different wheel configurations can be found on HDVs. These are different axle configurations with a varying number of wheels, wheel housing shape, rim shape or tires. In terms of aerodynamics, these represent different flow situations that are taken into account to correctly determine the ventilation drag of the whole vehicle.

The results show that the tire treading and rim geometry have a significant influence on ventilation drag that contributes to the total aerodynamic drag. It can be seen that profiled tread patterns increase the ventilation drag regardless of the rim shape and axle type. Flow-exposed wheels such as those on the trailer axle experience an increase of the ventilation drag by up to 250 % when mounting profiled tread tires in comparison to grooved ones. However, the treaded pattern leads to an increase of the ventilation drag of 180 % on shielded wheels through the wheelhouse as front wheels and twin wheels on the rear axle. Several tractor-trailer configurations with different tire combinations fitted on their axles are investigated in CFD. A considerable increase in ventilation resistance can be expected for configurations with predominantly treaded tires, which are commonly used on HDV in Europe. It is shown that the ventilation coefficient of such a tractor-trailer configuration represents 1.3 % to 4.3 % of the total drag coefficient.

The representation of the unsteady incident flow and the consideration of the ventilation drag in CFD consequently ensure a substantial reduction of the deviation between the numerically calculated drag coefficient and the drag coefficient determined in the on-road test of a HDV. In addition, the numerical flow simulation shows a sensitive behaviour to changes in the flow situation as well as a comparable scatter range as the on-road test and thus provides a solid basis for its consideration in the certification of commercial vehicles. Such knowledge should also be taken into account in the development process of commercial vehicles, so that the coefficients achieved during development approximate those from on-road tests.

1 Einleitung

Die Rentabilität und die Wirtschaftlichkeit stehen bei Nutzfahrzeugen von jeher im Vordergrund. Dieser Fokus erfordert es, alle Möglichkeiten zur Minimierung des Kraftstoffverbrauchs auszuschöpfen. Neben den wirtschaftlichen Aspekten spielen die umweltbezogenen Gesichtspunkte eine ebenso wichtige Rolle. Sowohl der Verbrauch als auch die Schadstoffemissionen sinken durch die Verbesserung der aerodynamischen Merkmale von schweren Nutzfahrzeugen erheblich, weshalb diese insbesondere im Hinblick auf die CO_2-Regularien zusätzlich an Bedeutung gewinnen.

Um die Ziele des Übereinkommens von Paris zu erreichen, beziehungsweise den Anstieg der globalen Durchschnittstemperatur deutlich unter 2 °C über dem vorindustriellen Niveau zu halten sowie ihn auf 1,5 °C über dem vorindustriellen Niveau zu begrenzen, bedarf es der Reduktion der Emissionen von Gasen in allen Bereichen, die den Klimawandel begünstigen. Die CO_2-Emissionen von schweren Nutzfahrzeugen, wie LKWs und Bussen, stellen 26 % der CO_2-Emissionen des Straßenverkehrs und 6 % der CO_2-Gesamtemissionen in der Europäischen Union dar. Aus diesem Grund hat sich die Europäische Union zum Ziel gesetzt, die CO_2-Emissionen im Nutzfahrzeugsektor zu reduzieren. Zu diesem Zweck hat die EU-Kommission eine Zertifizierungsprozedur eingeführt, welche die einzelnen Anteile berücksichtigt und daraus die CO_2-Emissionen des Gesamtfahrzeugs bestimmt [1]. Dabei wird zur Deklaration des CO_2-Ausstoßes aufgrund der Aerodynamik des Nutzfahrzeugs der Luftwiderstand anhand von Fahrversuchen und dem Softwarepaket VECTO Air Drag ermittelt. Dies stellt angesichts der technischen Komplexität der zu Grunde liegenden Constant Speed Testing Versuchsprozedur (CST) und der Vielfalt an Fahrzeugkonfigurationen eine ressourcenintensive Herausforderung dar.

Vor diesem Hintergrund und mit der Unterstützung europäischer Initiativen, wie dem Semi-Trailer Whitebook des europäischen Verbands der Anhänger- und Aufbautenindustrie (CLCCR), fordern die Zugmaschinen- und Anhängerhersteller die alternative Anwendung von numerischen Simulationen zur Ermittlung des Luftwiderstandbeiwerts. Dies ist allerdings nur unter der Annahme realisierbar, dass die Abweichungen bei der Bestimmung des

C. Peiró Frasquet, *Digitale Zertifizierung der aerodynamischen Eigenschaften von schweren Nutzfahrzeugen*, Wissenschaftliche Reihe Fahrzeugtechnik Universität Stuttgart, https://doi.org/10.1007/978-3-658-46398-4_1

Luftwiderstandsbeiwerts zwischen Fahrversuch und Simulation möglichst gering sind.

Die Untersuchungen, die im Auftrag der FAT durchgeführt wurden, zeigten unter anderem, wie sich die im Fahrversuch gemessenen absoluten Luftwiderstandsbeiwerte deutlich von den numerisch berechneten unterscheiden. Dabei wiesen beide Verfahren, sowohl der Fahrversuch als auch die numerische Simulation, eine vergleichbare Prognosegüte bei der Bewertung der Differenz zwischen zwei verschiedene Fahrzeugvarianten auf [3].

Mehrere Einflussfaktoren sind für die Abweichung der numerisch gewonnenen Luftwiderstandsbeiwerte von den im Fahrversuch ermittelten Beiwerten verantwortlich. Hierbei lassen sich die vereinfachten Anströmbedingungen und die Modellierung der Räder, die in der herkömmlichen Strömungssimulation verwendet werden, als besonders relevante Einflussfaktoren identifizieren. Die Berücksichtigung und Implementierung dieser zwei Faktoren in der numerischen Strömungssimulation erzielt einen vergleichbaren Beiwert wie jener des Fahrversuchs und zeigt somit das Potenzial der numerischen Strömungssimulation zur digitalen Zertifizierung der Aerodynamik von Nutzfahrzeugen.

Üblicherweise orientieren sich die vorgegebenen Anströmbedingungen in der herkömmlichen Strömungssimulation an der turbulenzarmen Anströmung im Windkanal, während im Fahrversuch eine davon abweichende Strömungssituation herrscht. Die Anströmsituation im Fahrversuch unterliegt einer räumlich und zeitlich variierenden Strömungstopologie und das Fahrzeug ist entsprechend einer Vielzahl an Umwelteinflüssen, wie dem natürlichen Wind und der Topografie, ausgesetzt. Folglich muss der Luftwiderstandsbeiwert bei realitätsnahen Anströmbedingungen, genauer gesagt unter dem Einfluss der natürlichen Windverhältnisse, in der numerischen Strömungssimulation bestimmt werden. Zu diesem Zweck werden anhand der aufgenommenen Messsignale der Strömungsgrößen zahlreicher Fahrversuche die turbulenten Eigenschaften der Anströmung untersucht und charakterisiert. Darüber hinaus werden auch die CST-Fahrversuchsprozedur und das Programm VECTO Air Drag zur Bestimmung des Luftwiderstands im Fahrversuch analysiert. Anschließend werden zur Untersuchung der Aerodynamik des Nutzfahrzeugs unter realitätsnahen Anströmsituationen verschiedene Ansätze zur Abbildung instationärer Windverhältnisse implementiert. Besonderes Augenmerk wird dabei den Methoden zur Erzeugung turbulenter Fluktuationen gewidmet.

Diese müssen in der Lage sein, sowohl die räumliche als auch die zeitliche Struktur der Turbulenz hinreichend zu modellieren. Die Analyse der durchgeführten numerischen Untersuchungen und deren Vergleich mit den Fahrversuchsergebnissen zeigt die Größenordnung und die Auswirkung der auftretenden turbulenten Größen auf die Nutzfahrzeugaerodynamik auf. Dabei lassen sich zusätzlich Aussagen über die Prognosegüte und Sensitivität der entwickelten Anströmverfahren formulieren.

Zum anderen werden die rotatorischen aerodynamischen Verluste der Räder von Nutzfahrzeugen in der Regel vernachlässigt. Dies ist der Tatsache geschuldet, dass keine geeigneten 1:1 Windkanäle mit passendem System zur Straßenfahrtsimulation existieren, welche die Messung der an realen Nfz-Rädern agierenden Kräfte unter realitätsnahen Bedingungen hinsichtlich der Anströmung und der Radlast ermöglichen. Zudem werden üblicherweise Nfz-Räder aufgrund ihrer dominierend geschlossenen Felgen als aerodynamisch unkritisch betrachtet. Diese Fakten führen zur Nichtberücksichtigung des aerodynamischen Rotationswiderstands der Räder, auch Ventilationswiderstand genannt sowie der starken Vereinfachung der Modellierung von Nfz-Rädern in der herkömmlichen Strömungssimulation. Allerdings wird der Ventilationswiderstand der Räder am Nutzfahrzeug im Fahrversuch implizit gemessen und trägt dazu bei, die Abweichung zwischen dem im Fahrversuch bestimmten und numerisch berechneten Luftwiderstandsbeiwert zu erhöhen. Aus diesem Grund wird im Rahmen dieser Arbeit auch eine Prozedur zur Ermittlung des Ventilationswiderstands von Nfz-Rädern in der numerischen Strömungssimulation definiert und als Folge dessen die Quantifizierung des Einflusses dieser zusätzlichen aerodynamischen Verluste auf den gesamten Luftwiderstand ermöglicht. Hierfür wird ein Fahrzeugmodell im Maßstab 1:4,5 zur Untersuchung des Ventilationswiderstands von Nfz-Rädern im Modellwindkanal entwickelt. Die am Fahrzeugmodell durchgeführten Windkanalversuche liefern Erkenntnisse zum Ventilationswiderstand, zum Einfluss der Bereifung und Felgenform sowie zu den Änderungen im Strömungsfeld. Diese stellen die Grundlage für die Untersuchung von Ansätzen zur Modellierung der Raddrehung in der numerischen Strömungssimulation und deren Validierung dar. Zuletzt werden mit einer konsolidierten und validierten Vorgehensweise zur Abbildung der Radrotation und Analyse des Ventilationswiderstands in der numerischen Strömungssimulation reale Nutzfahrzeugkonfigurationen unter Fahrversuchsbedingungen untersucht und der Beitrag des Ventilationswiderstands bestimmt.

2 Grundlagen und Stand der Technik

Zunächst werden die für diese Arbeit relevanten Definitionen der Fluidmechanik und Fahrzeugaerodynamik eingeführt. Anschließend werden auf die Grundlagen zur Charakterisierung der Strömungssituation auf der Straße eingegangen sowie die Verfahren zur Untersuchung des Ventilationswiderstands von Rädern vorgestellt. Darauf aufbauend wird der aktuelle Stand der Technik auf dem Gebiet der Aerodynamik zur Ermittlung des Einflusses der instationären Anströmung und des Ventilationswiderstands von Nfz-Rädern dargestellt.

2.1 Fluidmechanische Kenngrößen

Die Beschreibung der Strömungseigenschaften und deren Vergleichbarkeit werden in der Fahrzeugaerodynamik anhand von fluidmechanischen dimensionslosen Kennzahlen definiert. Dabei dienen die genannten Kennzahlen der Ähnlichkeitstheorie und ermöglichen somit die Betrachtung der Skalierbarkeit von Fahrzeugmodellen.

Die Reynoldszahl Re ist eine dimensionslose Kenngröße, durch welche sich laminare von turbulenten Strömungen unterscheiden lassen. Diese ist als Verhältnis aus in einer Strömung wirkenden Trägheitskräften zu Zähigkeitskräften definiert.

$$Re = \frac{v_\infty \cdot l_{char}}{\nu} \qquad \text{Gl. 2.1}$$

Dabei stellt v_∞ die Strömungsgeschwindigkeit und ν die kinematische Viskosität des strömenden Fluids dar. Als charakteristische Länge l_{char} wird in der Fahrzeugaerodynamik üblicherweise die Fahrzeuglänge verwendet.

Bei der Umströmung eines Straßenfahrzeugs im Überland- und Fernverkehr, wo höhere Geschwindigkeiten gefahren werden, liegt die Reynoldszahl in der Größenordnung von $Re \geq 5 \cdot 10^6$. Das bedeutet, dass Geschwindigkeits-

C. Peiró Frasquet, *Digitale Zertifizierung der aerodynamischen Eigenschaften von schweren Nutzfahrzeugen*, Wissenschaftliche Reihe Fahrzeugtechnik Universität Stuttgart, https://doi.org/10.1007/978-3-658-46398-4_2

schwankungen in der Strömung nur wenig durch viskose Kräfte gedämpft werden. Ein derartiges Strömungsverhalten wird als turbulent bezeichnet.

$$Re = \frac{R^2 \cdot \omega}{\nu} \qquad \text{Gl. 2.2}$$

Die Reynoldszahl rotierender Körper kann in Anlehnung an Gl. 2.1 formuliert werden. Hierfür wird, wie aus Gl. 2.2 entnommen werden kann, die Re-Zahl in Abhängigkeit der Drehgeschwindigkeit ω und des Radius R berechnet. Somit werden zur Definition der Trägheitskräfte das Produkt $R \cdot \omega$ als charakteristische Geschwindigkeit und der Radius R als charakteristische Länge gewählt. Der turbulente Strömungszustand wird bei rotierenden Körpern ab $Re \geq 3 \cdot 10^5$ erreicht. Dieser Grenzwert basiert auf Untersuchungen an rotierenden Scheiben und gilt auch für Fahrzeugräder.

Die Machzahl Ma bestimmt die Kompressibilität des Fluids. Diese Kenngröße beschreibt das Verhältnis von Trägheits- zu Kompressionskräften und wird aus dem Quotienten von Strömungsgeschwindigkeit v_∞ und Schallgeschwindigkeit c gebildet.

$$Ma = \frac{v_\infty}{c} \qquad \text{Gl. 2.3}$$

In der Fahrzeugaerodynamik überschreitet die Machzahl einer Strömung den Wert von 0,3 üblicherweise nicht. In diesem Geschwindigkeitsspektrum kann davon ausgegangen werden, dass die Kompressibilitätseffekte der Luft vernachlässigt werden können.

$$Sr = \frac{f \cdot l_{char}}{v_\infty} \qquad \text{Gl. 2.4}$$

Die dimensionslose Strouhalzahl Sr wir als das Verhältnis aus der Frequenz f des betrachteten Ereignisses, der charakteristischen Länge l_{char} und der Strömungsgeschwindigkeit v_∞ definiert (vgl. Gl. 2.4). Damit lassen sich die in der Fahrzeugaerodynamik auftretenden instationären Strömungsvorgänge, wie die Ablösefrequenz von Wirbel, charakterisieren.

2.2 Aerodynamische Beiwerte

Zur Charakterisierung der aerodynamischen Eigenschaften von Fahrzeugen werden dimensionslose Beiwerte herangezogen. Der Luftwiderstandsbeiwert ermöglicht eine Vergleichbarkeit der aerodynamischen Formgüte von Fahrzeugen ohne explizite Kenntnis der wirkenden Kräfte und Momente. Dieser berechnet sich aus Luftwiderstandskraft F_W, dynamischem Druck der Anströmung q_∞ und der projizierten Fahrzeugstirnfläche A_x gemäß Gl. 2.5.

$$c_W = \frac{F_W}{q_\infty \cdot A_x} \qquad \text{Gl. 2.5}$$

Der dynamische Druck der ungestörten Anströmung q_∞ berechnet sich entsprechend Gl. 2.6 aus der Dichte des strömenden Mediums ρ und dem Quadrat der Anströmgeschwindigkeit v_∞.

$$q_\infty = \frac{1}{2} \cdot \rho \cdot {v_\infty}^2 \qquad \text{Gl. 2.6}$$

Zusätzlich zum aerodynamischen Widerstand des Fahrzeugs in Längsrichtung unterliegt jedes rotierende Rad dem aerodynamischen Ventilationswiderstand. Dieser Widerstand äußert sich als Widerstandsmoment um die jeweilige Radachse. Der Ventilationswiderstandsbeiwert lässt sich ebenso auf die Stirnfläche des Fahrzeugs und auf den dynamischen Druck beziehen. Dieser wird durch folgende Gleichung beschrieben:

$$c_{Vent} = \frac{F_{Vent}}{q_\infty \cdot A_x} \qquad \text{Gl. 2.7}$$

Auf den Ventilationswiderstand und dessen Entstehungsmechanismen wird in Kapitel 2.5 eingegangen.

Die Drücke können, analog zu den Widerstandsbeiwerten, unabhängig von der Anströmgeschwindigkeit dargestellt werden. Dafür werden die relativ zu einem Referenzdruck gemessenen Drücke mit dem dynamischen Druck der ungestörten Anströmung normiert.

$$c_p = \frac{p(x,y,z) - p_\infty}{q_\infty} \qquad \text{Gl. 2.8}$$

Der dimensionslose Druckbeiwert c_p hat in der ungestörten Anströmung den Wert 0, am Staupunkt hingegen den Wert 1.

2.3 Beschreibung von Zufallsprozessen und Signalanalyse

Die turbulente Strömung, die ein auf der Straße fahrendes Fahrzeug erfährt, ist gekennzeichnet durch ein komplexes dreidimensionales Strömungsfeld mit einer zeitlich und räumlich zufälligen Fluktuation. Die anhand der Messtechnik im Fahrversuch erfassten Strömungsgrößen zeigen, dass sich eine turbulente Strömung als stochastischer Prozess charakterisieren lässt. Dabei können die aufgenommenen physikalischen Größen in solch einem Strömungsfeld als eine geordnete Grundströmung und eine stochastische Fluktuation, die der ersten überlagert ist, betrachtet werden.

Zur Behandlung von stochastischen Vorgängen, welche in gemessenen Zeitsignalen von Strömungsgrößen inhärent vorhanden sind, sind die Grundlagen der Statistik und der Signalanalyse erforderlich [4, 5]. Im folgenden Kapitel sollen einige relevante, in der Signalanalyse gebräuchliche Definitionen für die in dieser Arbeit angestellten Auswertungen eingeführt werden.

Ein zeitdiskretes Messsignal $x(t_i)$ kann anhand der Reynoldszerlegung folgendermaßen dargestellt werden:

$$\mathrm{x}(t_i) = \bar{\mathrm{x}} + x'(t_i) \qquad \text{Gl. 2.9}$$

Dadurch kann ein beliebiges Messsignal in einen arithmetischen Mittelwert $\bar{\mathrm{x}}$ und einen Fluktuations- oder Schwankungsanteil $x'(t_i)$ unterteilt werden. Nur unter Betrachtung einer ausreichend langen Messzeit kann das stationäre

Verhalten des Messsignals mithilfe des arithmetischen Mittelwerts $\bar{x}$ erfasst werden. Dieser berechnet sich entsprechend nachfolgender Gl. 2.10 wobei N die Anzahl an verfügbaren Messwerten und t_i den diskreten Zeitpunkt darstellen.

$$\bar{x} = \frac{1}{N}\sum_{i=1}^{N} x(t_i) \qquad \text{Gl. 2.10}$$

Zusätzlich zum Mittelwert des Signals ist es üblich, einen Wert zu berechnen, der Aufschluss über die Streuung gibt. Dieser Wert wird als Varianz bezeichnet und wird nach Gl. 2.11 berechnet. Die Standardabweichung σ_x ist kann als Quadratwurzel der Varianz berechnet werden.

$${\sigma_x}^2 = \frac{1}{N-1}\sum_{i=1}^{N} (x(t_i) - \bar{x})^2 \qquad \text{Gl. 2.11}$$

Neben der oben vorgestellten statistischen Beschreibung werden in den folgenden Absätzen die grundlegenden Eigenschaften zeitdiskreter Signale eingeführt.

Die Analyse von Messsignalen erfolgt durch die Berechnung des Autoleistungsdichtespektrums. Dieses Spektrum gibt die im Signal enthaltene Leistung in Abhängigkeit von der Frequenz wieder. Anhand eines zeitabhängigen Messsignals lässt sich somit ermitteln, welche im Signal enthaltenen Frequenzen eine hohe und welche eine niedrige Leistung aufweisen. Hierbei kann, gemäß Gl. 2.12, die Abtastfrequenz eines Signals als Quotient aus der zeitlichen Länge des Signals T_f und der Anzahl an diskreten Werten N in diesem Zeitintervall definiert werden.

$$f_s = \frac{N}{T_f} \qquad \text{Gl. 2.12}$$

Die Frequenzauflösung Δf ergibt sich daraus entsprechend Gl. 2.13.

$$\Delta f = \frac{1}{T_f} = \frac{f_s}{N} \qquad \text{Gl. 2.13}$$

Das Autoleistungsdichtespektrum ist in Gl. 2.14 definiert als:

$$G_{xx}(f_i) = \frac{2}{\Delta f}\left(U^*(f_i) \cdot U(f_i)\right) \qquad \text{Gl. 2.14}$$

Dabei stellen $U(f_i)$ die Fouriertransformierte des Zeitsignals $u(t_i)$ und $U^*(f_i)$ die komplex Konjugierte der Fouriertransformierten dar. Zur Berechnung des Autoleistungsdichtespektrums ist die Normierung der Fouriertransformierten $U(f_i)$ auf $N/2$ zu beachten.

Im Rahmen der Signalanalyse finden zudem die Bildung der Autokovarianz- und der Autokorrelationsfunktionen Anwendung. Diese Funktionen geben die Korrelation eines Signals mit sich selbst bei einer zeitlichen Verschiebung τ an. Die Autokovarianz wird definiert als:

$$C_{xx}(\tau) = \overline{u(t_\iota) * u(t_\iota + \tau)} \qquad \text{Gl. 2.15}$$

Durch Normierung der Autokovarianzfunktion auf ihren Maximalwert lässt sich die Autokorrelationsfunktion ermitteln:

$$\rho_{xx}(\tau) = \frac{C_{xx}(\tau)}{C_{xx}(0)} \qquad \text{Gl. 2.16}$$

In Gl. 2.16 gilt $C_{xx}(0) = \sigma_u{}^2(0)$. Eine gute Korrelation der Signale, welche einer geringen Zeitverschiebung τ entspricht, resultiert in einem Wert der Autokorrelationsfunktion, der sich dem Wert Eins annähert. Mit einer Zunahme der Zeitverschiebung erfolgt eine Annäherung des Funktionswerts an Null. Dies impliziert, dass die beiden Signale nicht länger miteinander korrelieren. Die zuvor dargestellten Gleichungen sind für die Geschwindigkeitskomponenten in allen Raumrichtungen gültig.

2.4 Charakterisierung der instationären Strömungssituation

Die von einem Fahrzeug auf der Straße erfahrene Strömungssituation wird von zahlreichenden unterschiedlichen Faktoren beeinflusst. Dabei spielen nicht nur die Intensität und Richtung des Windes eine bedeutende Rolle, sondern auch deren Interaktion mit der Topografie der befahrenen Straße sowie der Bebauung und der Bewuch am Straßenrand. Zudem können andere Verkehrsteilnehmer die Anströmung des Fahrzeugs prägen. Diese Einflüsse erzeugen eine übergeordnete Bandbreite von Wirbelstrukturen unterschiedlicher räumlicher und zeitlicher Ausbreitung, den sogenannten Turbulenzen, sodass die Topologie der Strömung um ein Fahrzeug in Bodennähe als instationär und turbulent gekennzeichnet werden kann.

Zur Beschreibung und Charakterisierung derartiger Anströmungen werden in Anlehnung an [6–9] unterschiedliche Turbulenzgrößen verwendet. Diese werden mit Hilfe der in Kapitel 2.3 eingeführten Methoden berechnet und im Folgenden erklärt.

2.4.1 Anströmsituation auf der Straße

Der natürliche Wind, die Topografie und die Auswirkung des Verkehrs prägen die Topologie der Strömung, mit der das Fahrzeug interagiert. Darüber hinaus weisen solche Strömungsphänomene eine zeitabhängige Natur auf. Zur Erläuterung der Anströmsituation, die ein auf der Straße fahrendes Fahrzeug erfährt, muss diese allerdings als momentane Aufnahme betrachtet werden, wie in **Abbildung 2.1** dargestellt.

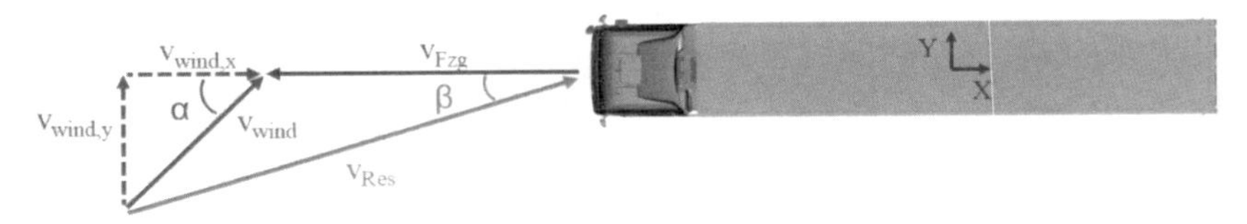

Abbildung 2.1: Anströmsituation auf der Straße

Die auf das Fahrzeug wirkende Geschwindigkeit v_{Res} ergibt sich entsprechend Gl. 2.17 durch Vektoraddition der Fahrzeuggeschwindigkeit v_{Fzg} und der Komponenten der Windgeschwindigkeit v_{Wind}.

$$v_{Res} = \sqrt{(v_{Fzg} + v_{Wind,x})^2 + v_{Wind,y}{}^2} \quad \text{Gl. 2.17}$$

Die resultierende Anströmrichtung bezüglich der Fahrzeuglängsachse ist durch den Anströmwinkel β gegeben (siehe Gl. 2.18). Hierbei ergibt sich die Windrichtung aus dem Windwinkel α.

$$\beta = \arctan\left(\frac{v_{Wind} \cdot \sin\alpha}{v_{Fzg} + v_{Wind} \cdot \cos\alpha}\right) \quad \text{Gl. 2.18}$$

2.4.2 Turbulente Intensität

Die turbulente Intensität gibt erste Aussagen über die in einer Strömung enthaltene Energie. Diese wird als Quotient aus Standardabweichung der Geschwindigkeit σ_i und mittlerer Strömungsgeschwindigkeit $\bar{v}_{Res}$ definiert.

$$I_x = \frac{\sigma_u}{\bar{v}_{Res}}, \qquad I_y = \frac{\sigma_v}{\bar{v}_{Res}}, \qquad I_z = \frac{\sigma_w}{\bar{v}_{Res}} \quad \text{Gl. 2.19}$$

Dabei wird in diesem Fall die mittlere Strömungsgeschwindigkeit v_{Res} aus der mittleren Fahrzeuggeschwindigkeit und der mittleren Windgeschwindigkeit in Hauptströmungsrichtung berechnet (vgl. **Abbildung 2.1**).

Der ermittelte Turbulenzgrad gilt für den Punkt im Strömungsfeld, an dem das Geschwindigkeitssignal aufgezeichnet wird. Er gilt in der Regel nicht für das gesamte Strömungsfeld. Auf diese Weise lässt sich eine Strömungssituation auf der Straße einerseits als inhomogen bezeichnen, weil der Turbulenzgrad abhängig vom Ort im Strömungsfeld ist, andererseits als anisotrop aufgrund des unterschiedlich großen Turbulenzgrades in allen Raumrichtungen.

2.4.3 Turbulentes Längenmaß

Das turbulente Längenmaß ist eine weitere Größe zur Charakterisierung turbulenter Strömungen und kann als mittlere räumliche Ausdehnung einer Wirbelstruktur in einer der drei Raumrichtungen verstanden werden. In der Literatur werden im Wesentlichen zwei Methoden zur Berechnung des Längenmaßes verwendet. Zum einen kann die Methode der Autokorrelation verwendet werden, zum anderen kann das Längenmaß über eine Approximation der gemessenen Spektren und der von-Kármán-Spektren ermittelt werden [10]. Im Folgenden wird die Berechnung mittels Autokorrelation erläutert, die im weiteren Verlauf der Arbeit verwendet wird.

Zunächst wird das charakteristische Zeitmaß T_i für die jeweilige Raumrichtung $i = (x, y, z)$ berechnet, siehe Gl. 2.20. Dafür werden die Autokovarianz- und Autokorrelationsfunktionen der Geschwindigkeitskomponenten analog zum Kapitel 2.3 berechnet. Die Integration des Korrelationskoeffizienten $\rho_{ii}(\tau)$ von $\tau = 0$ bis $\tau_{\rho=0}$ liefert das sogenannte Integralmaß, welches der zeitlichen Ähnlichkeit der Strömung entspricht.

$$T_i = \int_0^{\tau_{\rho=0}} \rho_{ii}(\tau)\, d\tau \qquad \text{Gl. 2.20}$$

Die Übersetzung des Zeitmaßes T_i in das räumliche turbulente Längenmaß L_i erfolgt mithilfe der Taylor-Hypothese der gefrorenen Turbulenz. Diese besagt, dass die Turbulenz als räumlich gefroren betrachtet werden kann, wenn die mittlere Strömungsgeschwindigkeit deutlich größer ist als die turbulenten Fluktuationen in der Strömung. Dies impliziert, dass die turbulenten Strukturen in der Strömung transportiert werden, ohne dabei eine Veränderung zu erfahren. Das turbulente Längenmaß L_i kann unter Betrachtung der Taylor-Hypothese folgendermaßen herleitet werden:

$$L_i = T_i \cdot \bar{v}_{Res} \qquad \text{Gl. 2.21}$$

Dabei gilt $i = (x, y, z)$.

Der von Umweltfaktoren beeinflusste natürliche Wind ist, wie oben erläutert wurde, der Fahrgeschwindigkeit überlagert. Bei einer konstanten Fahrgeschwindigkeit sind die auf das Fahrzeug wirkenden Geschwindigkeitsschwankungen nur vom natürlichen Wind und den genannten Faktoren bestimmt. Die Analyse derartiger Schwankungen mittels der vorgestellten Turbulenzgrößen ermöglicht das Charakterisieren der Anströmsituation auf der Straße.

Die Bereiche, in denen sich die turbulente Intensität und das turbulente Längenmaß bei einer Straßenfahrt befinden, wurden von mehreren Autoren sowohl anhand theoretischer Abschätzungen, als auch durch Fahrversuche untersucht [9, 11–13]. Die Straßenmessungen erfolgen durch das Anbringen von Messsonden am Fahrzeug, welche die Anströmgeschwindigkeit unter unterschiedlichen Windbedingungen, unterschiedlicher Verkehrsdichte und unterschiedlicher Topografie erfassen und die turbulente Anströmsituation charakterisieren lassen. Ein repräsentatives Beispiel dafür sind die von Wordley und Saunders [12, 13] durchgeführten Fahrversuche, welche nachträglich von Oettle [7] zusammengefasst werden. Diese Ergebnisse sind in **Abbildung 2.2** dargestellt.

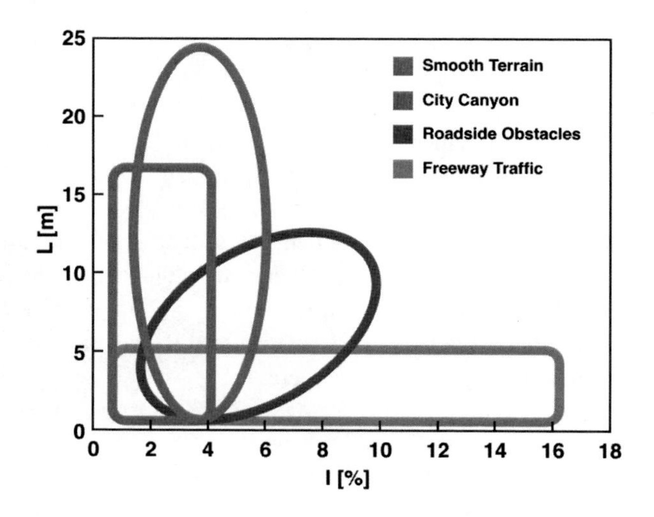

Abbildung 2.2: Charakterisierung turbulenter Anströmsituation bei Straßenmessungen [7]

Abbildung 2.2 zeigt, wie sich die Turbulenzgrößen in Abhängigkeit von der jeweiligen Topografie der Straße und des Verkehrsaufkommens verändern. Dabei lassen sich folgende unterschiedliche Anströmsituationen definieren: Fahrt auf Straßen mit flacher Topografie (Smooth Terrain), in der Stadt (City Canyon), auf Straßen mit Hindernissen am Straßenrand (Roadside Obstacles) und Straßen mit anderen Verkehrsteilnehmer (Freeway Traffic). Im „Smooth Terrain", ohne hohe Verkehrsdichte, treten hohe Längenskalen und vergleichbar kleine turbulente Intensitäten auf. Aufgrund anderer Verkehrsteilnehmer werden dagegen im „Freeway Traffic" vergleichsweise niedrige Skalenlängen und hohe turbulente Intensitäten beobachtet.

Analog zu den Untersuchungen von Wordley und Saunders werden bis 2014 vom NRCC (National Research Council Canada) ähnliche Fahrversuche durchgeführt [14, 15]. Hierbei werden nicht nur die Windverhältnisse auf Fahrzeughöhe aufgenommen, sondern auch bis zu einer maximalen Höhe von 4 m gemessen. Dafür wurde das Messfahrzeug mit einer Halterung ausgestattet, welche das Anbringen von vier Sonden über diese Höhe ermöglichte. Die Ergebnisse umfassen die Intensitäten und turbulenten Längen, die das Fahrzeug bei unterschiedlichen Bedingungen erfährt. Die Klassifizierung erfolgt unter Berücksichtigung der Beschaffenheit des Geländes (Bewuchs, Bebauung, etc.), der Verkehrsdichte sowie der Windstärke. In **Abbildung 2.3** sind die ermittelten turbulenten Längen und Intensitäten der Geschwindigkeitskomponenten in Abhängigkeit der Höhe dargestellt. Dabei weist die mit „MMM" gegenzeichnete Kurve ein moderates Gelände, moderaten Verkehr und moderate Windbedingungen auf. Im Rahmen der Versuche erfuhr das Messfahrzeug in 73 % der Messzeit ein moderates Gelände, in 42 % eine moderate Verkehrsdichte und in 65 % moderate Windstärken [15].

Wie aus **Abbildung 2.3** ersichtlich wird, schwankt die turbulente Intensität der Kurven „MMM" und „MLL" in dem betrachteten Höhenbereich nur wenig, allerdings hängt das turbulente Längenmaß stark von der Höhe ab. Die Ergebnisse derartiger Untersuchungen sind aufgrund der Betrachtung in einer für Nutzfahrzeuge repräsentativen Höhe von 4 m von besonderer Bedeutung.

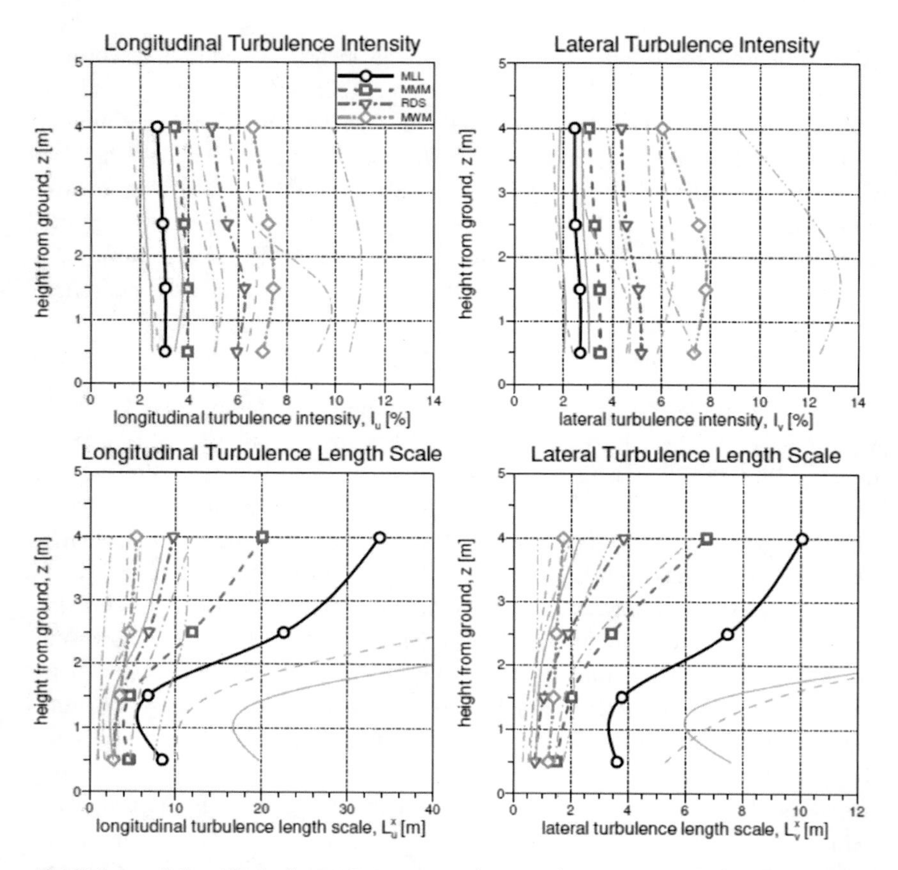

Abbildung 2.3: Turbulente Längen und Intensitäten über der Höhe für die Anströmungskomponente. MLL und MMM stehen für eine moderate Anströmsituation. MWM entspricht einer moderaten Anströmung im Fahrzeugnachlauf, RDS einem rauen Terrain mit höherer Verkehrsdichte und starkem Wind [15]

2.4.4 Energiespektren

Die turbulente Intensität ist eine zeitlich gemittelte Größe, welche die in einer Strömung enthaltene Energie quantifiziert. Die Darstellung der Verteilung der Energie in Abhängigkeit von der Frequenz erfolgt anhand der Autoleistungsdichtespektren $S_{ii}(f)$ und wird als Energiespektrum bezeichnet. Die empirischen von-Kármán-Spektren (Gl. 2.22 und Gl. 2.23) beschreiben den energetischen Zustand der atmosphärischen Turbulenz und sind somit maßgebend für die Kraftfahrzeugaerodynamik [6].

$$S_{xx}(f_{Karman}) = \frac{4 \cdot \sigma^2{}_u \cdot L_x}{\bar{v}_{res}}\left(\left(1 + 70.18\left(\frac{f_{Karman} \cdot L_x}{\bar{v}_{res}}\right)\right)^2\right)^{-\frac{5}{6}} \qquad \text{Gl. 2.22}$$

$$S_{yy,zz}(f_{Karman}) = \frac{4 \cdot \sigma^2{}_{v,w} \cdot L_{y,z}}{\bar{v}_{res}} \frac{\left(1 + 187.16\left(\frac{f_{Karman} \cdot L_x}{\bar{v}_{res}}\right)^2\right)}{\left(1 + 70.18\left(\frac{f_{Karman} \cdot L_x}{\bar{v}_{res}}\right)^2\right)^{\frac{11}{6}}} \qquad \text{Gl. 2.23}$$

Die Berechnung der von-Kármán-Spektren erfordert neben den gemessenen Varianzen $\sigma^2{}_i$ und dem turbulenten Längenmaß L_i zudem die Berücksichtigung der mittleren Strömungsgeschwindigkeit in Hauptströmungsrichtung $\bar{v}_{res,x}$ und die Bandbreite der Frequenz f_{Karman}. Diesem empirischen Modell zufolge enthalten die niederfrequenten, großskaligen Wirbelstrukturen viel Leistung, wohingegen die hochfrequenten Anteile (kleinskalige Strömungsphänomene) energetisch weniger signifikant sind.

2.5 Ventilationswiderstand von Rädern

Der Ventilationswiderstand F_{Vent} ist proportional zum aerodynamischen Ventilationsmoment M_{Vent}, das aus der Rotation der Räder resultiert. Der Ventilationswiderstand ist folglich ein zusätzlicher aerodynamischer Verlust zum klassischen Luftwiderstand in Längsrichtung. Verantwortlich für dessen Entstehung sind die Oberflächenreibung und die ungleiche Druckverteilung an den Felgen und Reifenprofilierung [16]. Daraus ergibt sich entsprechend Gl. 2.24.

$$F_{Vent} = \frac{M_{Vent}}{r_{dyn}} \quad \text{Gl. 2.24}$$

Die Natur des Ventilationsmoments, welches auf jedes Rad am Nutzfahrzeug wirkt, lässt sich mithilfe einer theoretischen Herleitung erläutern. Dafür werden die grundlegenden Entstehungsmechanismen isoliert betrachtet. Wie in **Abbildung 2.4** veranschaulicht, können diese physikalischen Mechanismen, verantwortlich für die Entstehung des Ventilationsmoments, in drei Kategorien unterteilt werden.

Aufgrund der Rauheit der bestehenden Radoberflächen wird bei der Rotation des Rades die viskose Grenzschicht beeinflusst. Dabei entsteht ein Reibungswiderstand, welcher als Moment an der Rotationsachse agiert. Der Reibungsanteil des Ventilationsmoments $M_{Vent,Reibung}$ wurde von verschiedenen Autoren an angeströmten rotierenden Scheiben untersucht [16–19]. Aus diesen Arbeiten lässt sich unter anderem feststellen, dass der Ventilationswiderstand aufgrund der Reibung nach Gl. 2.25 proportional zum Quadrat der Drehgeschwindigkeit ω und zur fünften Potenz des Radius R ist.

$$M_{Vent,Reibung} \sim \rho \cdot \omega^2 \cdot R^5 \quad \text{Gl. 2.25}$$

Die Felge kann durch ihre geometrische Gestaltung zum Ventilationsmoment beitragen. In Abhängigkeit von Ihrer Bauweise kann diese als Axial- oder Radiallüfter betrachtet werden. Dieser Anteil des Ventilationsmoments $M_{Vent,Turb}$ lässt sich anhand der Eulerschen Turbinengleichung Gl. 2.26 approximieren und stellt die nötige Pumpenarbeit dar, um den energetischen Zustand eines bestimmten Massenstroms $\dot{m}$ zu erhöhen. Der zusätzliche Beitrag zum Ventilationsmoment infolge der Felgenform erweist sich aufgrund ihrer geschlossenen Felgentopologie als gering bei Nfz-Felgen.

$$M_{Vent,Turb} = \dot{m} \cdot (c_{u2} \cdot r_2 - c_{u1} \cdot r_1) \quad \text{Gl. 2.26}$$

Zuletzt, wie in **Abbildung 2.4** skizziert, sorgt die Druckverteilung auf die nicht rotationssymmetrischen Komponenten der Felge und der Bereifung für ein zusätzliches Ventilationsmoment. Die resultierenden Radialkräfte agieren auf die Rotationsachse in Form eines Ventilationsmoments $M_{Vent,Druck}$ aufgrund der Druckverteilung an der Radoberfläche.

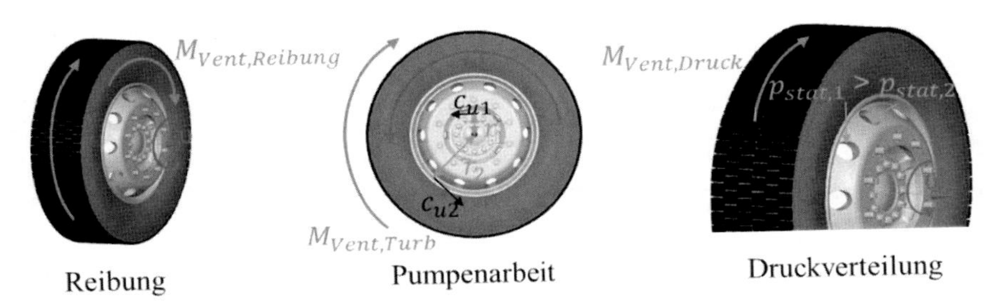

Abbildung 2.4: Theoretische Herleitung der Anteile des Ventilationsmoments an Nfz-Rädern

Wie in Unterkapitel 2.2 vorgestellt wurde, wird der Ventilationsbeiwert c_{Vent} zur besseren Vergleichbarkeit mit dem Luftwiderstandskoeffizienten c_W ebenfalls auf die Stirnfläche des Fahrzeugs A_x bezogen. Die gesamte aerodynamische Charakterisierung eines Nutzfahrzeugs kann aus der Summe von Ventilationswiderstands- und Luftwiderstandsbeiwerten gebildet werden [20]. Dafür wird im Folgenden der erweiterte Luftwiderstandsbeiwert c_W^* verwendet:

$$c_W^* = c_W + c_{Vent} \qquad \text{Gl. 2.27}$$

2.6 Experimentelle Untersuchung im Windkanal

Die folgenden Unterkapitel geben einen Überblick über die Versuchsumgebung und Messtechnik der experimentellen Untersuchungen.

2.6.1 Der Modellwindkanal der Universität Stuttgart

Der Modellwindkanal der Universität Stuttgart ist ein Windkanal zur aerodynamischen Untersuchung von Fahrzeugmodellen im Maßstab 1:4 und 1:5. Dabei handelt es sich um einen Windkanal Göttinger Bauart mit einer geschlossenen Luftführung und offenen Messtrecke. Die Messstrecke hat eine Länge von 2,585 m, der Düsenquerschnitt beträgt 1,65 m^2 und die maximale Strömungsgeschwindigkeit liegt bei 80 m/s.

Zur realitätsnahen Darstellung der Fahrsituation auf der Straße wird zudem die Relativbewegung zwischen Fahrzeug und Boden im Windkanal abgebildet. Dafür wird, wie in **Abbildung 2.5** skizziert, ein 5-Band-System mit zusätzlichen Systemen zur Konditionierung der Bodengrenzschicht eingesetzt. Das 5-Band-System der Firma MTS Systems Corporation besteht aus einem spurbreiten Mittellaufband zwischen den Fahrzeugrädern und vier kleinen Bändern zum Antreiben der Räder. Die Systeme zur Grenzschichtkonditionierung befinden sich im Messstreckenboden direkt im Anschluss an die Düse. Mithilfe einer Grenzschichtvorabsaugung und der tangentialen Ausblasung wird ein Blockprofil aus der Bodengrenzschicht erzeugt, bevor diese die Laufbänder erreicht [21, 22].

Bei einem Versuch im Windkanal befindet sich das Fahrzeugmodell mittig in der Messstrecke. Es steht auf den vier Bändern der Radantriebseinheiten und wird zusätzlich zwischen den Rädern über Schwellerstützenhalter befestigt. Um Fahrzeugmodelle unterschiedlicher Größe aufnehmen zu können, lassen sich die Radantriebseinheiten sowie die Schwellerstützenhalter im Messstreckenboden verschieben. Zudem können unterschiedlich breite Laufbänder eingesetzt werden, um die Fahrsituation möglichst realitätsnah darzustellen.

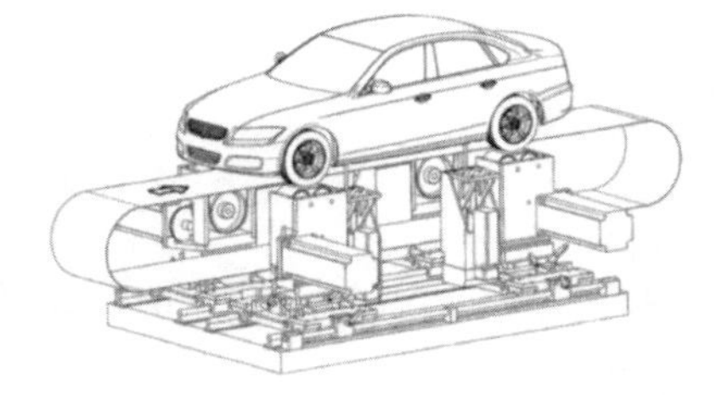

Abbildung 2.5: Modellwindkanal der Universität Stuttgart, links: Messstrecke, rechts: Detailansicht des 5-Band-Systems in Anlehnung an [21]

Die auf das Fahrzeugmodell agierenden aerodynamischen Kräfte werden über eine Waage aufgenommen. Diese ist unter dem Messstreckenboden installiert, sodass sowohl die Radantriebseinheiten als auch die Schwellerstützenhalter auf der Waagenplattform gelagert sind. Auf diese Weise können die am Fahrzeug wirkenden Kräfte und Momente gemessen werden. Der Ventilationswiderstand stellt in diesem Aufbau eine interne Kraft dar, die nicht mitgemessen wird [16]. Die im Modellwindkanal verfügbare Unterflurwaage zeichnet sich durch eine Messgenauigkeit von ±0,1 N sowie eine zeitliche Auflösung der Kraft-messung mit 100 Hz aus [22].

2.6.2 Strömungsmessung mit Particle Image Velocimetry

Die Messung der Geschwindigkeiten von Strömungsfeldern erfolgt im Rahmen dieser Arbeit mit dem Particle Image Velocimetry (PIV) Verfahren. Zu diesem Zweck wird die Strömung mit Partikeln angereichert, wodurch ein stabiles Aerosol gebildet wird. Die hinzugefügten Partikel verfügen über eine geringe Größe sowie ein geringes Gewicht und besitzen ideale Reflexionseigenschaften, sodass diese keinen Einfluss auf die Strömung darstellen und gut sichtbar sind, wenn sie beleuchtet werden. Wie in **Abbildung 2.6** ersichtlich ist, können mithilfe einer an einem Laser angebrachten Optik die Partikel, die sich in einer Ebene befinden, angestrahlt werden. Die Funktionsweise des PIV-Systems basiert darauf, die Partikel in einer bestimmten Ebene kurz nacheinander zweimal zu beleuchten und gleich-zeitig diese zu fotografieren. Die dabei gewonnenen Bilder erfassen die Bewegung der Partikel, welche sich anhand einer Kreuz-Korrelation in die Geschwindigkeitskomponenten des Strömungsfeldes übersetzen lässt [23–25].

Bei den durchgeführten Versuchen im Modellwindkanal wird das FlowMaster PIV-System der Firma LaVision GmbH eingesetzt. Dieses System besteht aus einem Nd:YAG-Laser, zwei sCMOS-Kameras sowie einem Timing- und Recording-Rechner.

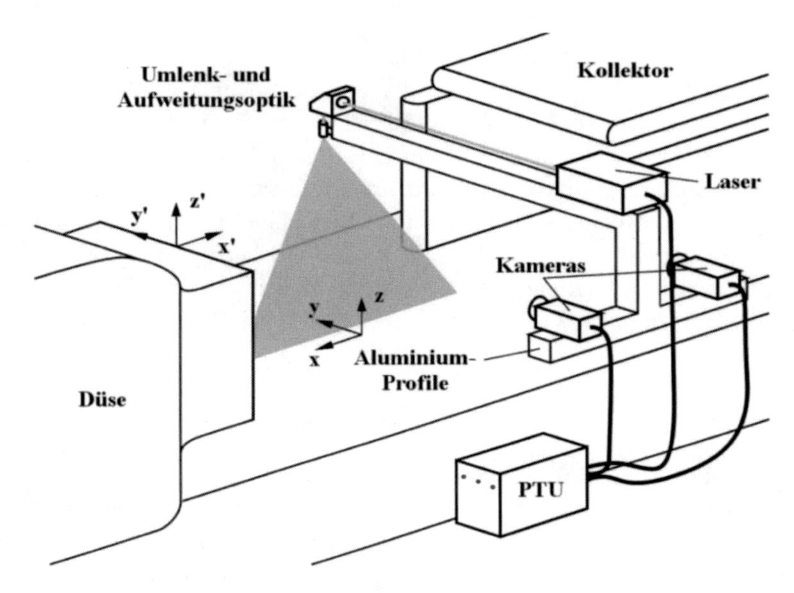

Abbildung 2.6: Aufbau des PIV-Systems im Modellwindkanal nach Schönleber [25]

2.7 Numerische Strömungssimulation

Die numerische Strömungssimulation, im Englischen Computational Fluid Dynamics (CFD), wird im Bereich der Fahrzeugentwicklung intensiv eingesetzt. Diese ermöglicht die numerische Untersuchung von virtuellen Prototypen in der frühen Entwicklungsphase sowie die Studie komplexer Strömungsphänomene, welche zum Teil nur schwierig mit Messtechnik erfasst werden können.

Das nachfolgende Unterkapitel befasst sich mit dem in dieser Arbeit verwendeten Strömungslöser. Die Vorgehensweise zur Untersuchung der Fahrzeugaerodynamik anhand numerischer Strömungssimulation wird vorgestellt.

2.7.1 Strömungslöser Simulia PowerFLOW®

Zur numerischen Berechnung von dreidimensionalen Strömungen wird das kommerzielle Softwarepaket PowerFLOW® von Simulia verwendet. PowerFLOW® basiert auf einer diskreten Form der kinetischen Gastheorie, welche das makroskopische Verhalten der Strömung aus dem mikroskopischen Verhalten des realen Gases ableitet. Dafür wird ein erweitertes Lattice-Boltzmann-Modell angewandt, bei dem sich die Partikel an diskreten Positionen im Raum (Lattice-Voxels) befinden und in Zeitintervallen in diskrete Richtungen bewegen [26–28].

Aufgrund der inhärenten zeitabhängigen Natur der Lattice-Bolzmann-Methode ist der Strömungslöser PowerFLOW® insbesondere für die Durchführung transienter Berechnungen geeignet. Hierfür werden die in einer turbulenten Strömung vorhandenen instationären Vorgänge zur Konsistenz mit der Lattice-Bolzmann-Methode anhand eines zeitabhängigen Turbulenzmodells abgebildet. Hierbei handelt es sich um das VLES (Very Large Eddy Simulation) Modell und ein angepasstes RNG $k - \varepsilon$ Modell für die nicht aufgelösten Großskalen [29].

Der Strömungslöser PowerFLOW® wird in der Automobilindustrie zur Untersuchung der Fahrzeugaerodynamik intensiv eingesetzt [30–32]. Dabei können die Umströmung komplexer Fahrzeugmodelle simuliert und aufgrund der automatisierten Diskretisierung des Rechengebiets sowie der effizienten Parallelisierbarkeit können die Rechenzeiten erheblich reduziert werden.

2.7.2 Untersuchung der Aerodynamik anhand Simulation

Die folgenden Absätze geben einen Überblick über den Aufbau der numerischen Berechnung. Zunächst werden Rechengebiet, zeitliche bzw. räumliche Diskretisierungen und Randbedingungen beschrieben. Anschließend wird die Vorgehensweise zur Initialisierung der Simulationen dargelegt.

- Berechnungsgebiet und dessen räumlichen Diskretisierung

Die Dimensionen des Rechengebiets werden entsprechend groß gewählt, um Interferenzeffekte zu vermeiden. Dadurch kann der Einfluss der Randbedingungen auf die Strömung um das zu untersuchende Fahrzeug verringert werden. Das Simulationsvolumen hat eine Länge von 193 m, eine Breite von 187 m und 102 m Höhe. Dies entspricht einem geometrischen Blockierungsverhältnis zwischen dem Querschnitt des Simulationsvolumens und der Fahrzeugstirnfläche von ungefähr 0,05 %. Vom Einlass bis zum Fahrzeug kann sich die Strömung über eine Länge von 50 m entwickeln, wie in **Abbildung 2.7** zu erkennen ist.

Zur Betrachtung komplexer Strömungsphänomene in Fahrzeugnähe ist eine hinreichende Auflösung der räumlichen Diskretisierung erforderlich. Bei der Simulation äußerer Strömungen wird das Rechengebiet um die berechnete Geometrie verfeinert. Mit zunehmendem Abstand zu dieser Geometrie nimmt die räumliche Auflösung immer weiter ab, da es nicht erforderlich ist, die ungestörte Anströmung feiner aufzulösen. **Abbildung 2.7** zeigt die unterschiedlichen globalen Verfeinerungsregionen (VR) des generierten kartesischen Gitters. Dabei entspricht die gröbste Verfeinerungsregion (VR0) einer Voxelgröße von 1280 mm, während die VR06 eine Voxelgröße von 20 mm aufweist.

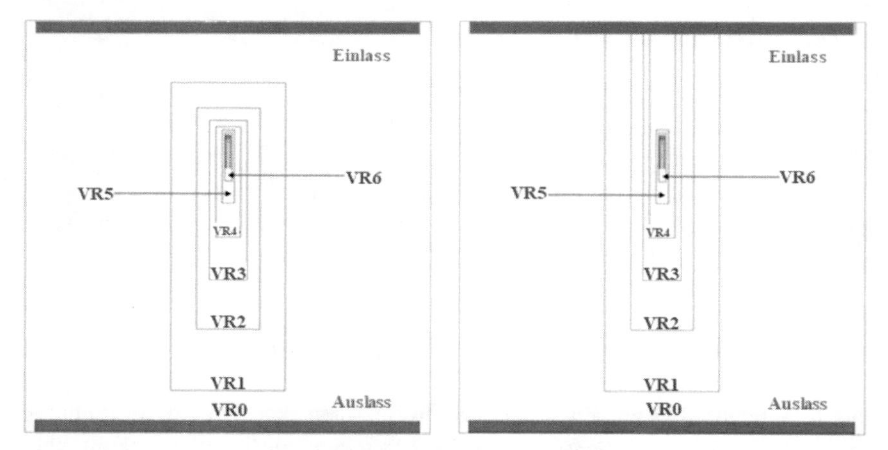

Abbildung 2.7: Rechengebiet und globale Verfeinerungsregionen um das Nutzfahrzeug bei stationärer (links) und instationärer (rechts) Anströmung

Zusätzlich ist ersichtlich, dass die Verfeinerungsregionen im Fall einer instationären Anströmung bis zum Einlass erweitert werden müssen. Grund dafür ist die Notwendigkeit, die im Einlass vorgegebene instationäre Anströmung in das Rechengebiet zeitlich und räumlich ausreichend aufgelöst übertragen zu können. Dies bedeutet, dass die Frequenz der vorgegebenen instationären Randbedingung am Einlass konsistent mit der zeitlichen Auflösung im Rechengebiet sein muss, welche direkt von der Voxelgröße abhängt. Andernfalls können, bis die Strömung am Fahrzeug ankommt, Informationen verloren gehen. Zudem sind aufgrund numerischer Diffusionseffekte die Anzahl an Verfeinerungsregionsübergängen bis zum Fahrzeug ebenso zu vermeiden.

Tabelle 2.1: Verfeinerungsregionen und Voxelgröße

VR Region	0	1	2	3	4	5	6	7	8	9	10
Voxelgröße in mm	1280	640	320	160	80	40	20	10	5	2,5	1,25

Neben den oben dargestellten globalen Verfeinerungsregionen werden außerdem Bereiche zur Berücksichtigung der kleinskaligen Strömungsphänomene am Fahrzeug definiert. Die lokalen Verfeinerungsregionen ermöglichen insbesondere das Abbilden der Grenzschicht auf der Oberfläche des Fahrzeugs sowie eines Teils des Nachlaufs. Zusätzlich können dabei der Bereich der Staupunktströmung, die Ablösebereiche sowie die Unterbodenströmung genauer erfasst werden. Diese sind in **Abbildung 2.8** dargestellt, die entsprechenden Voxelgrößen sind in **Tabelle 2.1** aufgeführt.

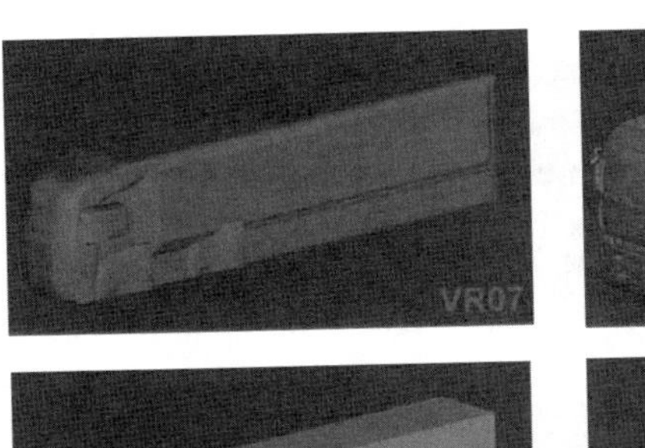

Abbildung 2.8: Lokale Verfeinerungsregion am Nutzfahrzeug

- Zeitliche Diskretisierung

Neben der räumlichen Auflösung ist zudem eine geeignete zeitliche Auflösung der Strömungsberechnung notwendig. Eine zu grobe zeitliche Auflösung führt dazu, dass zeitlich kleinskalige Strömungsphänomene nicht mehr aufgelöst werden können. Eine zu feine Wahl der zeitlichen Auflösung führt hingegen zu einem signifikanten Anstieg des Rechenaufwands. Daher ist ein Kompromiss zwischen Rechenzeit und Genauigkeit zu finden, der sich analog zur räumlichen Diskretisierung gestaltet. Zur Festlegung des passenden Zeitschritts wird die Courant-Friedrichs-Lewy-Zahl (CFL-Zahl) angewandt [33, 34].

$$\Delta t = \frac{CFL\_Zahl \cdot \Delta x, min}{u_{max}} \qquad \text{Gl. 2.28}$$

Die Zeitschrittweite Δt der Simulation kann über die Gl. 2.28 berechnet werden. Dabei entspricht $\Delta x, min$ der minimalen Voxelgröße und u_{max} der im Rechengebiet maximal erwarteten Strömungsgeschwindigkeit. Die CFL-Zahl wird von PowerFLOW® abhängig von der Art der simulierten Strömung vorgegeben. Im Fall einer äußeren, inkompressiblen und voll turbulenten Strömung entspricht der Wert 0,231675 [26, 35].

- Randbedingungen

Zu der inkompressiblen Betrachtung der Strömung und derer Fluideigenschaften (**Tabelle A.1** im Anhang) werden Randbedingungen in der numerischen Strömungsberechnung benötigt. Die Randbedingungen für die in dieser Arbeit durchgeführten numerischen Berechnungen werden in Anlehnung an die Fahrbedingungen im Fahrversuch spezifiziert, sodass die Strömungsphänomene möglichst realitätsnah abgebildet werden. Hier wird besonderes Augenmerk auf das Abbilden der Anströmungssituation gelegt. Dafür wird am Einlass eine definierte Geschwindigkeit als Randbedingung vorgegeben.

Am Auslass wird eine Druckrandbedingung vorgegeben, um eine Überbestimmung des Gleichungssystems zu vermeiden. In diesem Fall wird der statische Druck auf Meereshöhe verwendet. Des Weiteren wird die Dämpfung von Reflektionen am Auslass aktiviert.

An den Seiten des Simulationsgebiets werden periodische Wandrandbedingungen gesetzt. Das bedeutet, dass die Strömung, die das Simulationsvolumen auf der einen Seite verlässt, auf der gegenüberliegenden Seite wieder in das Simulationsvolumen eintritt. Dies ist insbesondere bei seitlichen Anströmungen wichtig, um potenzielle Blockierungseffekte zu vermeiden, welche die seitlichen Wände verursachen würden.

Zur Betrachtung der Relativgeschwindigkeit zwischen Boden und Fahrzeug wird der Boden mit einer Translationsgeschwindigkeit ausgestattet. Diese sollte zur Konsistenz mit den Fahrversuchen gleichgroß wie die auf der Versuchsstrecke aufgenommene Fahrgeschwindigkeit sein. Infolge des Geschwindigkeitsunterschieds zwischen Boden und der am Einlass vorgegebenen Anströmung bilden sich kleinere Grenzschichten am Boden aus.

Zuletzt werden die Randbedingungen, welche das Fahrzeug betreffen, definiert. Die Fahrzeugoberfläche wird als reibungsbehaftete Wand betrachtet. Infolgedessen können sich Grenzschichten an der Fahrzeugoberfläche ausbilden. Um eine realistische Abbildung des Druckverlusts im Motorraum zu erzielen, werden der Kühler, der Kondensator und die zusätzlichen Wärmetauscher als poröse Medien mithilfe der Darcy-Forchheimer-Gleichung modelliert [35]. Die Charakterisierung dieser porösen Medien erfolgte durch die von der MAN Truck&Bus zur Verfügung gestellten Referenzwerte.

- Initialisierung und Simulationsprozess

Infolge der inhärenten zeitabhängigen Natur des Lattice-Bolzmann Verfahrens sind die mit PowerFLOW® durchgeführten Berechnungen transient. Dies bedeutet, dass am Anfang der Simulation eine Transition zur entwickelten Strömung stattfindet, bis sich die Strömung um das Fahrzeug topologisch etabliert hat. Die dabei gewonnenen Ergebnisse sind allerdings für die aerodynamische Untersuchung nicht relevant. An dieser Stelle spielt die Initialisierung eine wesentliche Rolle, um die Rechenzeiten sowie die Rechenkapazitäten zu reduzieren.

Bei der Simulation einer stationären Anströmung sollte zunächst eine Simulation auf einem räumlich grob aufgelösten Rechengitter durchgeführt werden. Hierfür werden die kleinsten Verfeinerungsregionen nicht berücksichtigt. Die gesamte Rechenzeit der grobaufgelösten Simulation sollte so gewählt werden, dass die Strömung um das Fahrzeug die entsprechenden topologischen Merkmale aufweist. Dafür sollte das Fahrzeug mehrfach überströmt werden und das Simulationsgebiet zumindest einmal vollständig durchströmt werden. Die Ergebnisse des letzten Zeitschritts werden anschließend zur Initialisierung der hochaufgelösten Simulation verwendet. Das beschriebene Vorgehen führt zu einer Stabilisierung der Strömungsberechnung, wodurch insgesamt Rechenzeit eingespart wird.

Bei der Berechnung einer instationären Anströmung sind jedoch weitere Aspekte zu berücksichtigen. Hier muss besonderes Augenmerk der Initialisierung der instationären Anströmung gewidmet werden. Der Simulationsprozess ist in erster Linie analog zu dem oben beschriebenen. Das bedeutet, eine grob aufgelöste Simulation und anschließend eine Simulation auf einer hochaufgelösten Diskretisierung werden berücksichtigt. Dabei muss idealerweise die grobaufgelöste Simulation mit einer bereits konvergierten Lösung initialisiert werden, um eine ausgebildete Strömungstopologie zu übernehmen. Bei der grobaufgelösten Simulation handelt es sich um eine stationäre Anströmung mit den Einlassbedingungen des ersten Zeitschritts der anschließenden und hochaufgelösten instationären Simulation. Hiermit werden Diskontinuitäten in der vom Fahrzeug gesehenen Anströmung, welche zu Konvergenzproblemen führen können, vermieden.

Die Vorgehensweise zur Simulation einer stationären sowie instationären Einlassrandbedingung ist in **Abbildung 2.9** dargestellt.

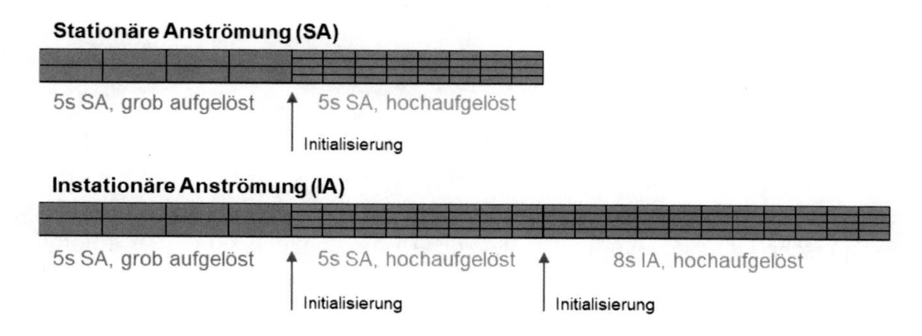

Abbildung 2.9: Vorgehensweise zur Simulation

2.8 Stand der Technik

Nachfolgend wird der aktuelle Stand der Technik hinsichtlich des Einflusses der instationären Anströmung und des Ventilationswiderstands auf den Luftwiderstand von Fahrzeugen vorgestellt.

2.8.1 Instationäre Anströmung

Klassischerweise werden die aerodynamischen Merkmale von Fahrzeugen unter der Bedingung einer stationären und frontalen Anströmung ermittelt. Allerdings ist das Fahrzeug in der Realität einer Vielzahl unterschiedlicher Umgebungsbedingungen ausgesetzt. Die Anströmsituation, die ein Fahrzeug auf der Straße erfährt, wird phänomenologisch durch die atmosphärischen und topographischen Bedingungen sowie durch Straßenverkehrsinteraktion bestimmt. Dabei hat beispielsweise der natürliche Seitenwind einen erheblichen Einfluss auf die Aerodynamik von Nutzfahrzeugen. Diese sind aufgrund ihres Länge-Breite Verhältnisses besonders anfällig für die Seitenwindeinflüsse. Im Rahmen der Arbeiten [36] und [2] werden verschiedene generische Nutzfahrzeugkonfigurationen unter dem Einfluss stationärer Schräganströmung betrachtet. Es zeigt sich, dass es zur realitätsnahen Bestimmung des Widerstandsbeiwerts notwendig ist, nicht nur die ideale frontale Geschwindigkeitskomponente der Anströmung zu berücksichtigen. In diesen Berichten werden zudem Erläuterungen zur Phänomenologie und zur Quantifizierung des Seitenwindes sowie deren Einfluss auf Nutzfahr-zeuge vorgestellt.

Die Anströmsituation auf der Straße stellt in der Regel keine stationäre Anströmung dar. Vielmehr ist das vom Fahrzeug erfahrene Strömungsfeld durch eine räumlich und zeitlich variierende Strömungstopologie geprägt. Welchen Einfluss der Verkehr, das Gelände und die Windverhältnisse auf die turbulenten Größen einer Strömung haben, wird von Wordley und Saunders [12, 13] anhand von Fahrversuchen auf öffentlichen Straßen untersucht. Diese Ermittlung ermöglicht die Charakterisierung der turbulenten Anströmung in Abhängigkeit von Umwelteinflüssen. Deren Ergebnisse wurden in jüngster Vergangenheit, wie im Kapitel 2.4 vorgestellt, vom National Research Council Canada (NRCC) [15] erweitert. Hier werden unter anderem die Turbulenzgrößen des natürlichen Windes nicht nur in Bodennähe, sondern auch bis zu einer maximalen Höhe von 4 m über der Fahrbahn ermittelt. Die Kenntnis, welche charakteristische Strömung in einer für Nutzfahrzeuge repräsentativen Höhe herrscht, ist wesentlich, um das aerodynamische Verhalten derartiger Fahrzeugtypen zu interpretieren.

Im Vergleich zu Straßenmessungen und Fahrversuchen bieten Windkanalmessungen den Vorteil, dass sie vergleichsweise einfach durchzuführen sind und schon in frühen Entwicklungsstadien das Arbeiten mit Prototypen ermöglichen. Zu dem klassischen Prozess zur Bestimmung der Seitenwindempfindlichkeit eines Fahrzeugs unter stationären Anströmbedingungen im Windkanal, wird von Schröck [9] und Stoll [6] eine neuartige Methode vorgestellt, welche anhand eines am Düsenaustritts angebrachten Flügelsystems die auf der Straße vorhandenen instationären Strömungsverhältnisse im Windkanal abbilden lässt. Parallel zu der experimentellen Erzeugung solcher instationären Bedingungen im Windkanal werden im Rahmen letztgenannter Arbeit auch diese Anströmsituationen anhand numerischer Strömungssimulation untersucht. Das genannte Flügelsystem wird in der Simulationsumgebung abbildet und damit wird die numerische Untersuchung instationärer Anströmungen ermöglicht. Eine gute Übertragbarkeit der experimentell beobachteten Phänomene in die Strömungssimulation wird gewährleistet. Auf diese Weise kann bereits in der Fahrzeugentwicklung eine Aussage über das aerodynamische Fahrzeugverhalten unter instationärer Anströmung getroffen werden.

Im Rahmen der Arbeiten des Arbeitskreises 9 der FAT wurden die aerodynamischen Eigenschaften eines realen Sattelzuges und dessen Varianten, welche durch die Anbringung von verschiedenen kommerziellen Luftleitkörpern aerodynamisch optimiert wurden, untersucht. Zu der Luftwiderstandsbestimmung im Fahrversuch wurden numerische Berechnungen mit unterschiedlichen Simulationswerkzeugen durchgeführt, die bei den OEMs produktiv eingesetzt werden [3].

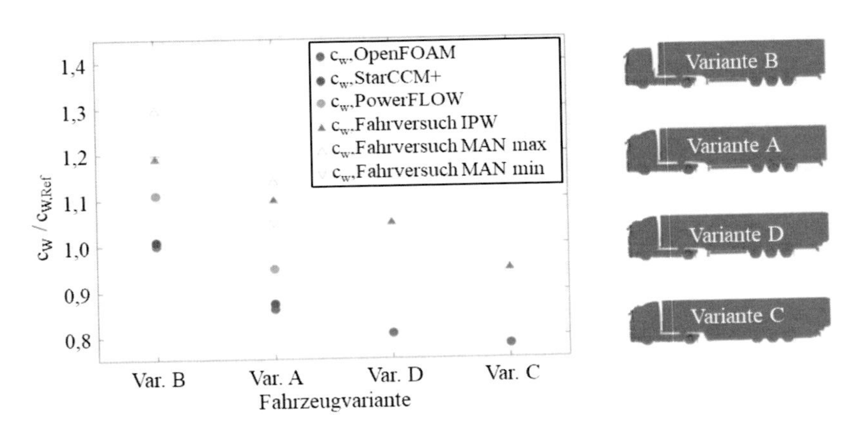

Abbildung 2.10: Normierter Luftwiderstandsbeiwert: Vergleich zwischen Fahrversuch und CFD unterschiedlicher Varianten [3]

Die Fahrversuche erfolgten unter Berücksichtigung der Constant Speed Test (CST) Fahrversuchsprozedur. Die Auswertung zur Ermittlung des Luftwiderstandsbeiwerts wurde mithilfe des Programms VECTO Air Drag durchgeführt. Für Details zu der Versuchsprozedur sowie zu dem Auswertungsprogramm sei auf Kapitel 3 verwiesen. Ebenso wurden die numerischen Berechnungen unter Beachtung des Stands der Technik, welcher bei den OEMs eingesetzt wird, durchgeführt. Hierfür wurde der Luftwiderstandsbeiwert, in Anlehnung zum Windkanal, unter frontaler und möglichst turbulenzarmer Anströmung bestimmt. Wie aus **Abbildung 2.10** zu entnehmen ist, zeigen die Untersuchungen, wie sich die im Fahrversuch gemessenen absoluten Luftwiderstandsbeiwerte deutlich von den numerisch berechneten unterscheiden. Dabei wiesen beide Verfahren, Fahrversuch und numerische Simulation, eine vergleichbare Prognosegüte in Bezug auf die geometrische Variation, bzw. das Anbringen von aerodynamischen Maßnahmen auf. Diese Studie ermöglicht die Bewertung der Simulationsergebnisse und der Ergebnisgenauigkeit sowie die Einschätzung der Prognosegüte der Simulationswerkzeuge im Vergleich zu den experimentell gewonnenen Daten. Zudem macht die genannte Studie ersichtlich, dass die Berücksichtigung instationärer Anströmbedingungen in der Strömungssimulation einen unabdingbaren Einflussfaktor darstellt, wenn die Abbildung der Strömungssituation auf der Straße in der CFD angestrebt wird.

Neben den in [14] und [37] gezeigten Möglichkeiten zur Erzeugung instationärer Anströmbedingungen im Windkanal existieren es außerdem numerische Verfahren zur Anwendung in der CFD (siehe [6, 38, 39]). Jedoch beschränken sich die meisten der Studien auf die Aerodynamik des Pkw. Die verwendeten Verfahren zur Abbildung der instationären Anströmung in der CFD stellen eine sehr begrenzte Anzahl an Ansätzen dar. Ebenso ist in der Literatur keine Studie hinsichtlich der Charakterisierung der Anströmsituation vorhanden, welche bei Fahrversuchen von Nutzfahrzeugen auftritt. Derartige Kennwerte, wie zum Beispiel die Turbulenzgrößen oder das Windverhalten im Fahrversuch, sind notwendig für die korrekte Auslegung der genannten numerischen Verfahren.

2.8.2 Ventilationswiderstand von Nfz-Rädern

Es gibt bisher nur wenige Veröffentlichungen, die sich konkret mit der Aerodynamik von Nfz-Rädern beschäftigen. Dabei fokussieren sich diese Studien auf die aerodynamische Gestaltung des Systems Rad-Radhaus hinsichtlich des Luftwiderstands [40–42], während der aerodynamische Beitrag des Ventilationswiderstands vernachlässigt wird. Der Grund dafür ist, wie in Kapitel 1 im detailliert erläutert wurde, dass die Messung der am Rad agierenden Kräfte in den für Nutzfahrzeuge geeigneten 1:1 Windkanälen nicht möglich ist. Zudem werden Nfz-Räder mit ihren geschlossenen Felgen bisher als aerodynamisch unkritisch betrachtet. Die vorhandene Literatur beschränkt sich ausschließlich auf Studien über den Ventilationswiderstand von Pkw-Rädern.

Die ersten Untersuchungen des Ventilationsmoments fanden bereits zu Beginn des 20. Jahrhunderts statt. Diese wurden zunächst an rotierenden Scheiben durchgeführt und erfolgten sowohl anhand experimenteller Ver-suche, als auch durch theoretische Ansätze. Das aerodynamische Ventilationsmoment M_{Vent} einer drehenden Scheibe wurde von T. v. Kármán [17] über den Impulssatz aus den Navier-Stokes-Gleichungen hergeleitet. Spätere theoretische Überlegungen verschiedener Autoren lieferten genauere Lösungen zu den vorhandenen Differentialgleichungsansätzen [19]. Ebenso wurde auf den Einfluss des Fluids oder der Oberflächenrauheit auf das Ventilationsmoment experimentell eingegangen [18, 43]. Zudem ermöglichten die durchgeführten Versuche die Festlegung der kritischen Reynoldszahl von rotierenden Scheiben ($Re \geq 3 \cdot 10^5$), bei der die Grenzschicht vollständig turbulent ausgebildet ist.

Die ersten Ventilationswiderstandsmessungen drehender Fahrzeugräder wurden von Kamm und Schmid durchgeführt [44]. Wie in **Abbildung 2.11** zu erkennen ist, wurde der Ventilationswiderstand eines Einzelrades ohne Bodenkontakt bei unterschiedlichen Versuchsbedingungen im Windkanal untersucht. Dabei wurde die quadratische Abhängigkeit des Ventilationswiderstands von der Rotationsgeschwindigkeit des Rads, bzw. der Anströmgeschwindigkeit bestätigt. Der Einfluss der Anströmung auf das Ventilationsmoment wurde quantifiziert. Außerdem konnte die Reduktion des Ventilationswiderstands beobachtet werden, welche durch die Abschirmung des Rads anhand eines Radhauses erreicht werden kann.

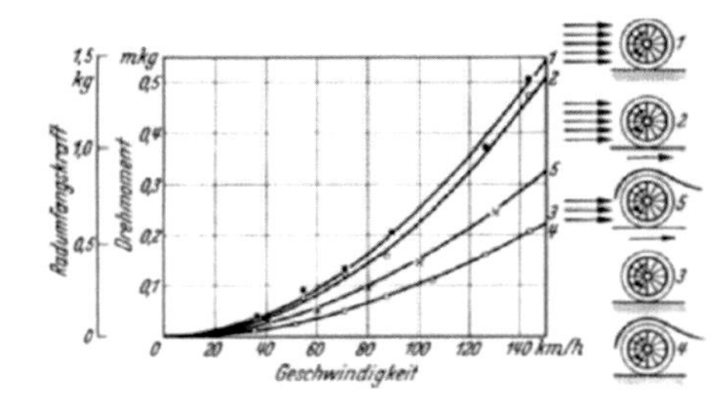

Abbildung 2.11: Ventilationsmoment von Einzelrädern, links: ehemaliger Windkanal des FKFS, rechts: Ergebnisse verschiedener Konfigurationen [44]

Neben den oben genannten Studien befassen sich verschiedene Autoren im Laufe des vergangenen Jahrzehnts intensiv mit dem Ventilationswiderstand von Pkw-Modellrädern [16, 45]. Insbesondere liefert die Arbeit von Link [16] unter anderem umfassende Kenntnisse über die Auswirkung der Größe, Oberflächenrauheit, Formgebung und Abschirmung von radähnlichen Scheiben. Diese werden im Modellwindkanal der Universität Stuttgart unter vergleichbaren Bedingungen wie bei Fahrzeugmodellen untersucht. Hierbei werden die radähnlichen Scheiben durch eine Radantriebseinheit angetrieben und die agierenden Kräfte über die Unterflurwaage aufgenommen. Durch die Untersuchung verschiedener Scheibengrößen kann der laminar-turbulente Übergang bei einer Reynoldszahl von ca. $3 \cdot 10^5$ nachgewiesen werden. Ebenfalls wird gezeigt, dass der Ventilationswiderstand durch das Aufbringen einer rauen Beschichtung nahezu verdoppelt wird. Zuletzt, wie aus **Abbildung 2.12** entnommen werden kann, spiegelt sich die Formgebung der Felge auf den Ventilationswiderstand wider. Dieser kann allerdings durch das Einsetzen einer Abschirmung jeweils um ungefähr 50 % reduziert werden.

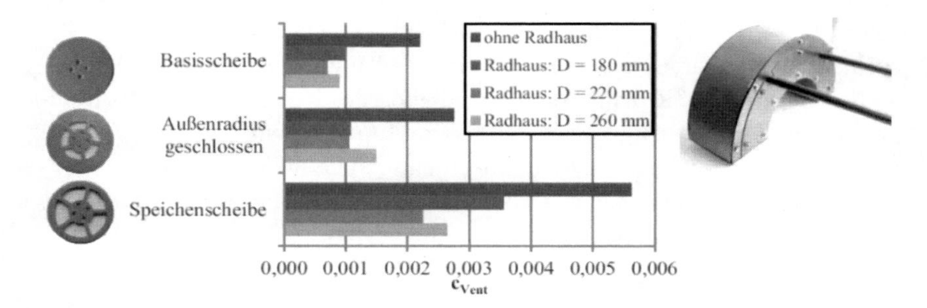

Abbildung 2.12: Untersuchung radähnlicher Scheiben, links: Ventilationsbeiwert auf die Stirnfläche eines 1:4-Modellfahrzeugs, bezogen bei 270 km/h, rechts: generisches Radhaus variabler Innendurchmesser [16]

Ebenso sind in der Literatur einzelne Veröffentlichungen zu finden, die sich konkret mit der Messung des Ventilationswiderstands von Pkw-Rädern im 1:1-Windkanal befassen. Es werden unterschiedliche Herangehensweisen gewählt, welche sich grundlegend mit den Möglichkeiten der Erfassung des Ventilationswiderstands beschäftigen. Während Wickern et al. [46] den Ventilationswiderstand in einem Versuchsaufbau mit einem 1-Band-System zur Straßenfahrtsimulation mit einer internen Waage untersuchen und eine spezielle pneumatische Vorrichtung anwenden, um die Radlasterhöhung infolge der Reifenaufweitung zu verhindern, entschieden sich Mayer et al. [47] für Messungen mit einem angehobenen Fahrzeug, bzw. ohne Kontakt der Räder zum Boden, bei dem die Federbeine durch starre Elemente ersetzt werden.

Vdovin et al. [48, 49] führen Messungen zur Bestimmung des Ventilationswiderstands von Pkw-Rädern anhand einer von Wiedemann [50] vorgeschlagenen Vorgehensweise durch. Die Versuche erfolgen in einem 1:1-Windkanal mit einem 5-Band-System zur Straßenfahrtsimulation. Dabei wird durch ein starres Federbein die Radhöhe fixiert und die Reifenaufweitung durch das Anheben des Fahrzeugs mit Schwellerstützen ausgeglichen.

Die am Rad agierende Umfangskräfte, die zur Drehung der Räder von den Laufbändern aufgebracht werden, können direkt an den Radantriebseinheiten gemessen werden. Die Autoren beobachten eine quadratische Abhängigkeit des Ventilationswiderstandsbeiwerts von der Rotationsgeschwindigkeit und untersuchen eine Vielzahl verschiedener Felgen, unter anderem auch optimierte Felgen bezüglich des Luft- und Ventilationswiderstands.

Eine Messprozedur zur Untersuchung des Ventilationswiderstands in 1:1-Windkanälen mit 5-Band-Systemen wird von Link [16] entwickelt. Diese ermöglicht eine zuverlässige und reproduzierbare Bewertung von Fahrzeugfelgen hinsichtlich ihres Ventilationswiderstands und entgeht der Problematik des Einflusses des Rollwiderstands durch Modifikationen am Fahrwerk. Zudem charakterisiert sich diese Messprozedur durch einen geringen Vorbereitungs- und Zeitaufwand und wird in den Windkanälen verschiedener OEMs validiert.

Neben den experimentellen Verfahren zur Ermittlung des Ventilationswiderstands von Pkw-Rädern begleiten verschiedene Autoren die Windkanalversuche mit numerischer Strömungssimulation [16, 49, 51]. Die Anwendung der CFD beschränkt sich allerdings auf die Analyse des Felgeneinflusses sowie auf dessen geometrische Optimierung. Im Allgemeinen wird in den genannten Studien gezeigt, dass die CFD, trotz der Verwendung vereinfachter Ansätze zur Modellierung der Radrotation, die im Experiment beobachteten Tendenzen abbildet.

3 Ermittlung des Luftwiderstands im Fahrversuch

Um die durch die Verordnung (EU) 2019/1242 festgelegten Ziele zur Reduktion der CO_2-Emmissionen von Nutzfahrzeugen zu erreichen, ist eine standardisierte Berechnung und Deklaration der Emissionen erforderlich. Zu diesem Zweck hat die EU die Entwicklung der Simulationssoftware **V**ehicle **E**nergy **C**onsumption calculation **TO**ol (VECTO) in Auftrag gegeben, die im Rahmen dieser Arbeit eingesetzt wird. VECTO ist ein Zertifizierungsprogramm, das die Berechnung von CO_2-Emissionen und Verbrauchswerten des Nutzfahrzeugs in standardisierten Fahrzyklen ermöglicht. Dabei wird der Energiebedarf der Einzelkomponenten berücksichtigt. Dadurch können verschiedene Fahrzeugkonfigurationen berechnet werden, ohne dass jede Fahrzeugvariante einzeln getestet werden muss.

Der Berechnungsverlauf in VECTO mit den verschiedenen Modulen wird in **Abbildung 3.1** ist gezeigt. Das Programm verfügt über fünf verschiedene Fahrzyklen, die sich in Entfernung, Steigung und Geschwindigkeit unterscheiden. Zudem wandelt das Fahrer-Modul die Daten aus dem Fahrzyklus in einen Beschleunigungswunsch um. Letzterer wird im Fahrzeug-Modul, abhängig vom Luftwiderstandsbeiwert, der Querschnittsfläche, der Masse und Reibungskoeffizienten des Fahrzeugs, in einer Kraftanforderung übersetzt. Das Reifen-Modul transformiert die Kraftanforderung in einen Drehmomentwunsch, wobei die Massenträgheit durch Rotation der Räder berücksichtigt wird. Dieser wird anschließend an den Antriebsstrang, welcher aus dem Achs- und dem Getriebe-Modul besteht, weitergegeben. Um den Wirkungsgrad des gesamten Antriebsstrangs zu bestimmen, werden die jeweiligen Verlustkennfelder im Achs- und Getriebe-Modul sowie die Schaltzeiten des Getriebes berücksichtigt. In Kombination mit dem aus dem Nebenverbraucher-Modul resultierenden Drehmomentwunsch resultiert dies in einem Gesamtdrehmomentwunsch an das Motor-Modul. Sofern das gewünschte Drehmoment innerhalb der Grenzen des Motorkennfeldes liegt, lässt sich aus dem Verbrauchskennfeld in Abhängigkeit vom Drehmoment und von der Drehzahl ein Betriebspunkt für den Kraftstoffverbrauch ableiten. Anschließend kann VECTO die entsprechenden CO_2-Emissionen für den genannten

C. Peiró Frasquet, *Digitale Zertifizierung der aerodynamischen Eigenschaften von schweren Nutzfahrzeugen*, Wissenschaftliche Reihe Fahrzeugtechnik Universität Stuttgart, https://doi.org/10.1007/978-3-658-46398-4_3

Betriebspunkt berechnen und mit dem nächsten Berechnungsintervall fortfahren [52].

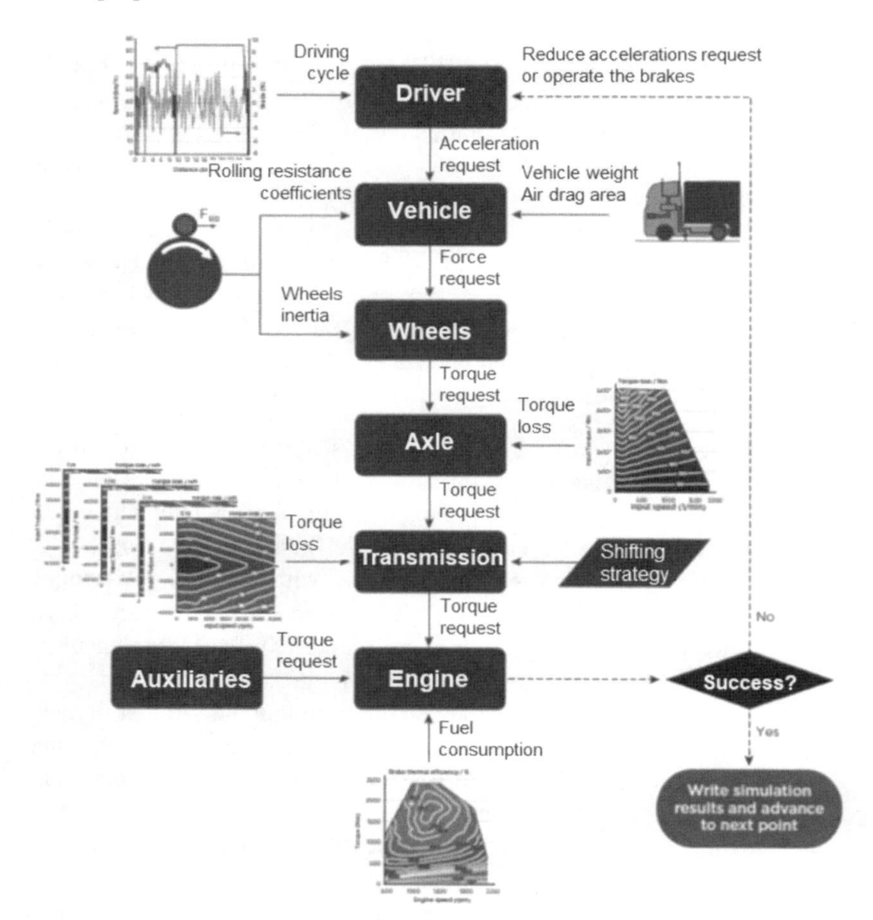

Abbildung 3.1: Aufbau und Arbeitsablauf vom VECTO [52]

Zur Berechnung der Motor-Modul-Funktionen und Auswertung der Messdaten des Luftwiderstandes werden zwei eigenständige Programme eingesetzt, *VECTO Engine* und *VECTO Air Drag*. Dieses Kapitel beschäftigt sich mit *VECTO Air Drag* und dessen Bestimmung des Luftwiderstandes aus den Messdaten der Fahrversuche. Hierfür muss an erster Stelle die Fahrversuchsprozedur vorgestellt werden.

3.1 Fahrversuchsprozedur

Die CST-Fahrversuchsprozedur (Constant Speed Test) ist nach Verordnung (EU) 2017/2400 [53] das einzige von der EU anerkannte Testverfahren zur Ermittlung des Luftwiderstandskoeffizienten, welches an einem schweren Nutzfahrzeug herangezogen werden darf. Diese Testprozedur basiert auf der Ermittlung des Fahrwiderstands einerseits bei einem Testlauf höherer Fahrgeschwindigkeit (High-Speed) mit dem Luftwiderstand als dominierende Kraft und andererseits bei einem Testlauf niedrigerer Fahrgeschwindigkeit (Low-Speed) mit dem Rollwiderstand als dominierende Kraft. Auf diese Weise lässt sich mithilfe des Programms VECTO Air Drag der Luftwiderstand im Fahrversuch anhand der gemessenen Fahrwiderstände auswerten und der entsprechende Luftwiderstandsbeiwert berechnen. Wichtige Voraussetzungen sind dabei zum einen, dass die Geschwindigkeit über der Messzeit möglichst konstant gehalten wird (Konstantfahrt), und zum anderen, dass das Prüfgelände geeignet, insbesondere beinahe neigungsfrei sein muss. Zudem müssen die Fahrwiderstände F_W, Fahrzeuggeschwindigkeit v_{FZG}, Anströmgeschwindigkeit v_{Res} und Anströmwinkel β aufgenommen werden (**Abbildung 3.2**), um die nachträgliche Auswertung mit VECTO Air Drag zu ermöglichen.

Abbildung 3.2: Versuchsfahrzeug und Messausrüstung [3]

Die Testprozedur beginnt mit einem 90 minütigen Warmfahren und einem anschließenden Nullen der Messnaben zur Berücksichtigung des temperaturabhängigen Messnabendrifts. Die Messung erfolgt anhand einer definierten Sequenz von Testläufen. Im ersten Schritt wird ein Low-Speed-Testlauf bei einer Fahrgeschwindigkeit von 10 – 15 km/h durchgeführt. Anschließend findet der High-Speed-Testlauf bei 85 – 95 km/h statt. Dieser muss mindestens zehn Runden betragen. Zuletzt wird ein zweiter Low-Speed Testlauf gefahren, eine Driftkontrolle umgesetzt und ein Testlauf zur Kalibrierung des Ausrichtungsfehlers des Anemometers durchgeführt [54].

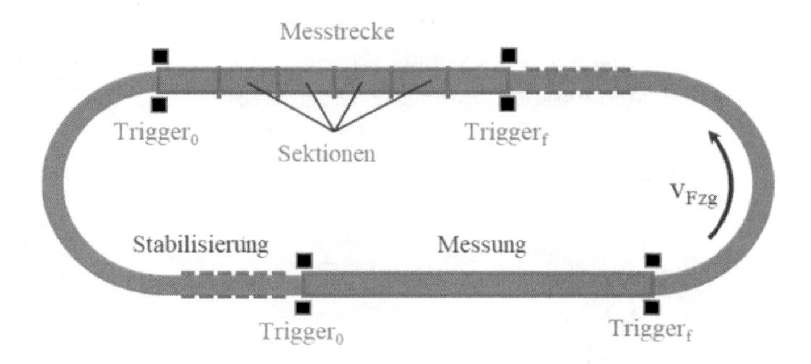

Abbildung 3.3: Prüfgelände für den CST-Fahrversuch am Beispiel einer Oval-Teststrecke

Aufgrund der beiden möglichen Fahrtrichtungen in Bezug auf die Windrichtung eignet sich ein Oval-Prüfgelände besonders gut für die CST-Fahrversuchsprozedur. Beide Messstrecken werden in Messsektionen von 250 m Länge unterteilt. Nur die Messdaten in den ausgewählten Messsektionen werden nachträglich für die Auswertung in VECTO Air Drag verwendet. Die Festlegung des Start- und Endpunkts der Messsektion kann sowohl auf Basis von DGPS-Koordinaten als auch mittels optoelektronischer Lichtschranken erfolgen. Bei der letzteren Variante wird ein Signal generiert, sobald das Fahrzeug die Messsektion betritt oder verlässt. Es ist sicherzustellen, dass für jede Fahrtrichtung mindestens eine Messstrecke ausgewählt wird. Wie in **Abbildung 3.3** skizziert, ist eine zusätzliche Länge vorzusehen, um die Verhältnisse nach einer Kurve zu stabilisieren.

Zuletzt müssen bei einem auf die CST-Testprozedur basierenden Fahrversuch gewisse Grenzwerte hinsichtlich der Umgebungsbedingungen eingehalten werden. Gültige Versuchsbedingungen sind eine wesentliche Voraussetzung für das Erzielen valider Testergebnisse. Die Gültigkeitskriterien beinhalten unter anderem Luft- und Fahrbahntemperatur, Windstärke sowie den maximal erlaubten Anströmwinkel und sind in ihrer Gesamtheit in [55] aufgelistet.

3.2 VECTO Air Drag

VECTO Air Drag ist ein Auswertungsprogramm [56], dessen Aufgabe es ist, durch die Messdaten eines unter Beachtung der CST-Testprozedur durchgeführten Fahrversuchs den Luftwiderstandsbeiwert c_W multipliziert mit der Querschnittsfläche des Nutzfahrzeugs bei einem Anströmwinkel $\beta = 0°$ zu bestimmen.

Die Ermittlung des Luftwiderstandskoeffizienten bei einem Anströmwinkel $\beta = 0°$ anhand der erfassten Messdaten erfolgt in zwei Schritten. Zuerst wird der Luftwiderstandskoeffizient in Abhängigkeit des Anströmwinkels $c_W \cdot A(\beta)$ berechnet. Hierfür wird der Luftwiderstand als Differenz der Fahrwiderstände bei den oben genannten Fahrsituationen, High-Speed- und Low-Speed-Testläufen, ermittelt und die vom Fahrzeug erfahrene Anströmung anhand der durch ein Anemometer aufgenommenen Geschwindigkeit berechnet. Dabei werden sowohl die Messdaten der Drehmomentenmessnabe als auch die des Anemometers korrigiert. Anschließend wird eine Korrektur zur Berücksichtigung der Seitenwindempfindlichkeit des Fahrzeugs vorgenommen, sodass der Luftwiderstandskoeffizient unter frontaler Anströmung $c_W \cdot A(0)$ bereitgestellt wird.

3.2.1 Luftwiderstand in Abhängigkeit des Anströmwinkels

Die Gleichung zur Berechnung des $c_W \cdot A$-Wertes in Abhängigkeit von β ist in VECTO Air Drag wie folgt implementiert, wobei der Term $F_{res,ref} - F_0$ den Luftwiderstand darstellt und v_{air} die vom Fahrzeug erfahrene Anströmgeschwindigkeit abbildet:

$$c_W \cdot A(\beta) = \frac{2 \cdot (F_{res,ref} - F_0)}{v_{air}^2 \cdot \rho_{air}} \quad \text{Gl. 3.1}$$

Die von einer stationären Wetterstation gemessene Umgebungstemperatur wird zur Berechnung der Luftdichte ρ_{air} herangezogen.

- Berechnung des Luftwiderstands $F_{res,ref} - F_0$

Werden die Fahrwiderstände der Hauptgleichung des Fahrzeugs (Gl. 3.2) betrachtet, lassen sich der Steigungswiderstand F_{Steig} sowie der Beschleunigungswiderstand F_{Beschl} bei einer Konstantfahrt in einer Ebene vernachlässigen. Folglich wird für die Bestimmung des Luftwiderstands die Antriebskraft, die zur Überwindung der Widerstände aufgebracht wird, und der Rollwiderstand F_{Roll} benötigt.

$$F_W = F_{Roll} + F_{Luft} + F_{Steig} + F_{Beschl} \tag{Gl. 3.2}$$

Die Ermittlung des Rollwiderstandes ($F_0 = F_{Roll}$) erfolgt durch die Messdaten von einerseits einem Testlauf höherer Geschwindigkeit (High-Speed) und andererseits von einem Testlauf niedrigerer Geschwindigkeit (Low-Speed). Dabei wird bei den High-Speed Testläufen der Luftwiderstand relevant, während bei den Low-Speed Testläufen der Rollwiderstand die dominierende Kraft darstellt. Anhand einer linearen Regression der gemessenen Fahrwiderstände über der quadrierten Luftgeschwindigkeit kann der Schnittpunkt mit der Ordinatenachse festgestellt werden. Dieser entspricht, wie in **Abbildung 3.4** ersichtlich wird, dem Rollwiderstand, da hier die Luftgeschwindigkeit 0 m/s beträgt und somit der Luftwiderstand vernachlässigt werden kann. Die lineare Regression wird für jede Fahrtrichtung getrennt durchgeführt, so dass sich für jede Fahrtrichtung ein eigener Rollwiderstand ergibt.

Durch die Anwendung der linearen Regression wird der Rollwiderstand als konstanter Wert angenommen. Dies bedeutet, dass die Geschwindigkeitsabhängigkeit des Rollwiderstands nicht berücksichtigt wird.

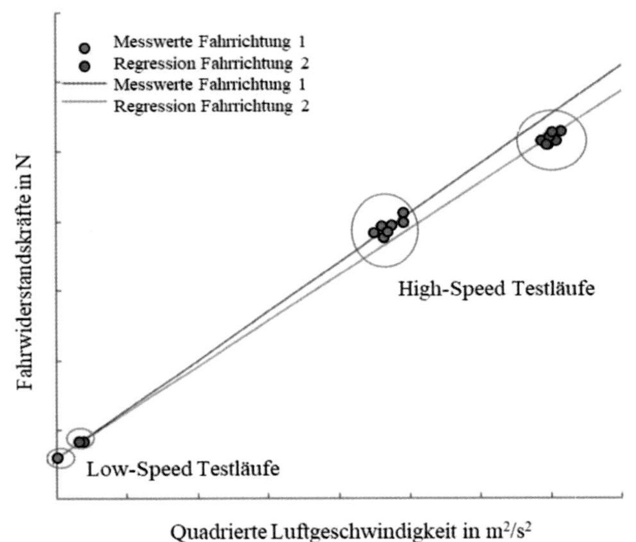

Abbildung 3.4: Exemplarische Darstellung der Fahrwiderstände mit linearer Regression über der quadrierten Luftge-schwindigkeit

■ Berechnung der Anströmgeschwindigkeit v_{air}

Die Anströmgeschwindigkeit v_{air} zur Berechnung des $c_W \cdot A$-Wertes in Abhängigkeit von β (Gl. 3.1) muss die vom Fahrzeug im Fahrversuch erfahrene Anströmgeschwindigkeit abbilden. Hierfür werden die Messdaten des Anemometers verwendet. Eine Korrektur ist für folgende Messdaten erforderlich [55]:

a) Fahrzeuggeschwindigkeit

b) Luftgeschwindigkeit

c) Anströmwinkel

Um die reale Fahrzeuggeschwindigkeit v_{veh} zu erhalten, wird das vom CAN bereitgestellte Fahrzeuggeschwindigkeitssignal $v_{veh,CAN}$ anhand des Korrekturfaktors $f_{v,veh}$ folgendermaßen korrigiert:

$$v_{veh} = v_{veh,CAN} \cdot f_{v,veh} \quad \text{Gl. 3.3}$$

$f_{v,veh}$ wird aus dem Quotient der durchschnittlichen Referenzgeschwindigkeit $v_{ref,avrg}$ und der durchschnittlichen CAN-Geschwindigkeit $v_{veh,CAN,avrg}$ gebildet. Dabei stellt die durchschnittliche Referenzgeschwindigkeit $v_{ref,avrg}$ die Fahrzeuggeschwindigkeit zur Überquerung einer Sektion nach Gl. 3.5 dar.

$$f_{v,veh} = \frac{v_{ref,avrg}}{v_{veh,CAN,avrg}} \quad \text{Gl. 3.4}$$

$$v_{ref,avrg} = \frac{l_{section}}{t_{section}} \quad \text{Gl. 3.5}$$

Aufgrund des Fahrzeugeinflusses, welcher die Beschleunigung der Strömung in Fahrzeugnähe aufgrund der Verdrängung des Fahrzeugs beschreibt, ist die durch das Anemometer erfasste Luftgeschwindigkeit $v_{air,ar}$ höher als die störungsfreie Luftgeschwindigkeit v_{uf}. Zur Korrektur der gemessenen Luftgeschwindigkeit wird angenommen, dass die Auswirkung des Fahrzeugeinflusses in beide Fahrtrichtungen, sowohl unter Gegenwind- als auch unter Rückenwindrichtung, gleichermaßen auftritt. Auf diese Weise wird, wie **Abbildung 3.5** zu entnehmen ist, die gemessene Luftgeschwindigkeit um die Fahrzeuggeschwindigkeit zentriert und dabei unter der oben genannten Annahme korrigiert.

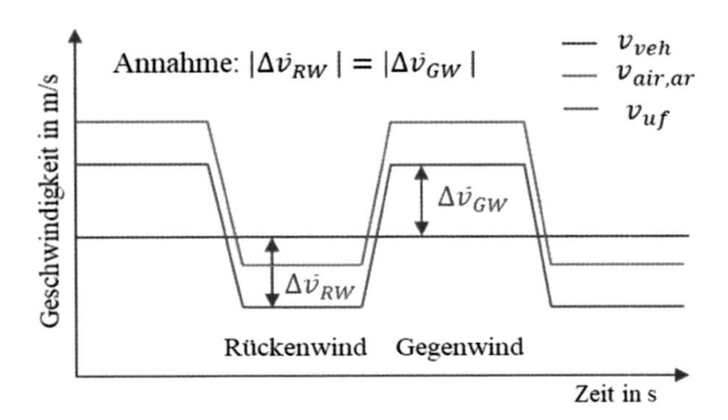

Abbildung 3.5: Skizze zur Darstellung der Korrektur des Fahrzeugeinflusses an einem gemessenen $v_{air,ar}$-Signal

Der Korrekturfaktor f_{vpe} sorgt dafür, dass die gemessene Luftgeschwindigkeit sowohl bei Gegenwindrichtung als auch unter Rückenwindrichtung reduziert und die Geschwindigkeitserhöhung durch den Fahrzeugeinfluss kompensiert wird. Zur Berechnung des Korrekturfaktors f_{vpe} wird der Mittelwert der durchschnittlich gemessenen Luftgeschwindigkeit in Fahrtrichtung 1 $v_{air,ar,avg,1}$ und Fahrtrichtung 2 $v_{air,ar,avg,2}$ gebildet. Die durchschnittliche Fahrzeuggeschwindigkeit $v_{veh,avrg}$, wird durch den Mittelwert der durchschnittlich gemessenen Luftgeschwindigkeit gemäß Gl. 3.6 geteilt.

$$f_{vpe} = \frac{v_{veh,avrg}}{1/2 \cdot (v_{air,ar,avg,1} + v_{air,ar,avg,2})} \quad \text{Gl. 3.6}$$

$$v_{uf} = v_{air,ar} \cdot f_{vpe} \quad \text{Gl. 3.7}$$

Eine genaue Ausrichtung des Anemometers am Auflieger kann schwer gewährleistet werden, sodass von einem Ausrichtungsfehler, der den gemessenen Anströmwinkel verfälscht, ausgegangen werden muss. Um diesen Ausrichtungsfehler β_{ame} zu ermitteln, wird eine ausgewählte Sektion im Laufe des Kalibrierungstests in beiden Fahrtrichtungen gefahren. Unter der Annahme, dass die gemessenen durchschnittlichen Anströmwinkel in jede Fahrtrichtung $\beta_{ar,avrg,x}$ gleich groß sind, lässt sich laut [55] der Ausrichtungsfehler folgendermaßen als Mittelwert beider Fahrtrichtungen berechnen:

$$\beta_{ame} = \frac{(\beta_{ar,avg,1} + \beta_{ar,avg,2})}{2} \quad \text{Gl. 3.8}$$

Zur Ermittlung des tatsächlichen Anströmwinkels β_{uf}, wird der Ausrichtungsfehler β_{ame} von jedem gemessenen Anströmwinkel β_{ar} subtrahiert.

$$\beta_{uf} = \beta_{ar} - \beta_{ame} \quad \text{Gl. 3.9}$$

Die Korrektur der gemessenen Anströmwinkel von allen Fahrversuchen (Low-Speed und High-Speed) erfolgt mithilfe des Ausrichtungsfehlers β_{ame}, der im Kalibrierungstest ermittelt wurde.

Anhand der korrigierten Strömungsgrößen (v_{uf} und β_{uf}) und der korrigierten Fahrgeschwindigkeit v_{veh} lassen sich die Windgeschwindigkeitskomponenten auf Anemometerhöhe h_a berechnen:

$$v_{windx}(h_a) = v_{uf} \cdot \cos(\beta_{uf}) - v_{veh} \quad \text{Gl. 3.10}$$

$$v_{windy}(h_a) = v_{uf} \cdot \sin(\beta_{uf}) \quad \text{Gl. 3.11}$$

$$v_{wind}(h_a) = \sqrt{\left(v_{windx}(h_a)\right)^2 + (v_{windy}(h_a))^2} \quad \text{Gl. 3.12}$$

In VECTO Air Drag wird zur Berücksichtigung einer atmosphärischen Grenzschicht die Windgeschwindigkeit als Geschwindigkeitsgradient mit einem Rauheitsexponenten von $\delta = 0{,}2$ dargestellt. Folglich werden die Windgeschwindigkeitskomponenten als Funktion der Höhe h nach Gl. 3.13 und Gl. 3.14 formuliert.

$$v_{windx}(h) = v_{windx}(h_a) \cdot (\frac{h}{h_a})^{\delta} \qquad \text{Gl. 3.13}$$

$$v_{windy}(h) = v_{windy}(h_a) \cdot (\frac{h}{h_a})^{\delta} \qquad \text{Gl. 3.14}$$

Zuletzt werden die Anströmgeschwindigkeit $v_{air}(h)$ und der Anströmwinkel $\beta(h)$, welche das Fahrzeug erfährt, anhand Trigonometrie und in Abhängigkeit der Höhe formuliert. Anschließend wird deren Integralform v_{air} und β, welche die Berechnung des $c_W \cdot A$-Wertes in Abhängigkeit von β ermöglicht, über der Fahrzeughöhe h_v berechnet.

$$v_{air}(h) = \sqrt{(v_{windx}(h) + v_{veh})^2 + (v_{windy}(h))^2} \qquad \text{Gl. 3.15}$$

$$\beta(h) = arctan\left(\frac{v_{windy}(h)}{v_{veh} + v_{windx}(h)}\right) \qquad \text{Gl. 3.16}$$

$$v_{air} = \frac{1}{h_v} \cdot \int_0^{h_v} v_{air}\,(h)dh \qquad \text{Gl. 3.17}$$

$$\beta = \frac{1}{h_v} \cdot \int_0^{h_v} \beta\,(h)dh \qquad \text{Gl. 3.18}$$

3.2.2 Luftwiderstand bei frontaler Anströmung

Die Berechnung des $c_W \cdot A$-Wertes in Abhängigkeit von β erfolgt für jede Fahrrichtung und mit Berücksichtigung der ausgewählten Sektionen separat. Der $c_W \cdot A(\beta)$-Wert des gesamten Fahrversuchs wird als Mittelwert der beiden $c_W \cdot A$-Werte aus Fahrtrichtung 1 und Fahrtrichtung 2 gebildet. Ebenso wird ein absoluter Anströmwinkel β_{avrg} für den gesamten Fahrversuch berechnet. Dieser ergibt sich aus dem Mittelwert der durchschnittlichen Anströmwinkel β die beiden Fahrtrichtungen. Unter der Annahme, dass das Nutzfahrzeug symmetrisch auf die seitliche Anströmung reagiert, lässt sich mithilfe eines generischen Polynoms (Gl. 3.19) die Seitenwindempfindlichkeit des Nutzfahrzeugs feststellen (**Abbildung 3.6**).

$$\Delta c_W \cdot A(\beta_{avrg}) = a_1 \cdot \beta_{avrg} + a_2 \cdot \beta_{avrg}^2 + a_3 \cdot \beta_{avrg}^3 \qquad \text{Gl. 3.19}$$

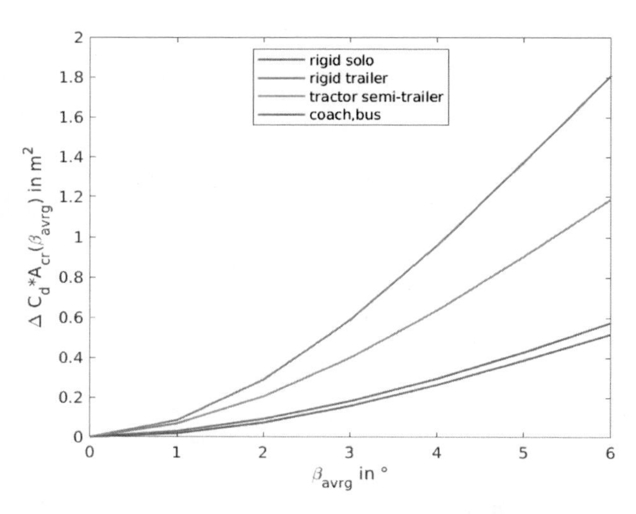

Abbildung 3.6: Korrektur der Seitenwindempfindlichkeit unterschiedlicher Fahrzeugtypen

Zur Ermittlung des $c_W \cdot A$-Wertes bei frontaler Anströmung wird die Seitenwindempfindlichkeit vom $c_W \cdot A(\beta)$-Wert subtrahiert. Der resultie-rende Wert wird auf eine Referenzhöhe H_{ref} korrigiert, die je nach Fahrzeugklasse unterschiedlich ist. Zudem ist der Luftwiderstand des Anemometers zu berücksichtigen. Hierbei wird ein $c_W \cdot A_{Anemo}$ von 0,15 m^2 nach Gl. 3.20 abgezogen.

$$\Delta c_W \cdot A(0) = \left(\Delta c_W \cdot A(\beta) - \Delta c_W \cdot A\left(\beta_{avrg}\right)\right) \cdot \frac{H_{ref}}{H_{meas}} - c_W \cdot A_{Anemo} \qquad \text{Gl. 3.20}$$

3.3 Charakterisierung der Strömungssituation im Fahrversuch

Die im Fahrversuch aufgenommenen Messdaten dienen nicht nur VECTO Air Drag zur Berechnung des Luftwiderstandsbeiwerts. Diese können zum besseren Verständnis der Umgebungsbedingungen im Versuch auch anderweitig ausgewertet werden. Insbesondere ermöglicht eine ausführliche Analyse der durch das Anemometer erfassten Anströmgeschwindigkeit und Anströmwinkel die Charakterisierung der Anströmung, die das Nutzfahrzeug während des Fahrversuchs erfährt. Die aufgenommenen Messsignale beinhalten nicht nur Informationen zur Windrichtung und -stärke, sondern auch die inhärenten Einflüsse der Topografie, des Bewuchses und der Bebauung auf der Messstrecke. Die Charakterisierung der Strömungssituation impliziert somit eine Beschreibung der Anströmung, welche auf einem konkreten Prüfgelände zu erwarten ist.

Es werden zahlreichende Fahrversuche analysiert, welche mithilfe der in den Kapiteln 2.3 und 2.4 gezeigten Verfahren ausgewertet wurden. Alle Fahrversuche haben gemeinsam, dass sie auf dem Test Oval des Dekra Automobil Test Centers in Klettwitz stattfanden, sowie, die Durchführung unter Beachtung der CST-Testprozedur. Diese erfolgten zudem mit jeweils zwei unterschiedlichen Prüffahrzeugen der Firma MAN Truck&Bus. Die Gesamtheit der vorhandenen Messdaten beträgt über 4 Stunden auswertbare Messzeit.

3.3.1 Fahrversuche von IPW Automotive

Im Rahmen der Arbeiten des Arbeitskreises 9 der FAT wurden im Sommer 2015 Fahrversuchen verschiedener Sattelzugvarianten durch die Firma IPW Automotiv GmbH durchgeführt [3]. Bei dem Versuchsfahrzeug handelte es sich um eine Zugmaschine Modell TGA 18.480 des Herstellers MAN Truck&Bus und einem Krone 3-Achs-Sattelauflieger mit Kofferaufbau des Typs Dry Liner. Besonderes Augenmerk wird für die Charakterisierung der Strömungssituation der Variante mit angebrachtem Dachspoiler und seitlichen Windleitkörpern an der Zugmaschine gewidmet (**Abbildung 3.7**). Diese Fahrzeugkonfiguration dient aufgrund ihrer allgemeinen Ausstattung als Referenz für die numerischen Untersuchungen in der vorliegenden Arbeit.

Abbildung 3.7: Versuchsfahrzeug MAN-TGA [3]

Das oben vorgestellte Versuchsfahrzeug wurde zur Gewährleistung der Messreproduzierbarkeit an zwei unterschiedlichen Messtagen untersucht. Die Versuche fanden jeweils bei unterschiedlichen Windverhältnissen statt.

Das Nutzfahrzeug ist während des Fahrversuchs Windbedingungen ausgesetzt, welche sich anhand der erfassten Strömungsgrößen und der trigonometrischen Ableitung der Gl. 2.17 und Gl. 2.18 rekonstruieren lassen. Die Windsituation, welche sich durch die Windstärke v_{Wind} und die Windrichtung α ergibt, ist in **Abbildung 3.8** für beide Messtage mithilfe einer Polar-Grafik dargestellt. Aufgrund der Fahrweise auf einem Oval-Prüfgelände sind, bei Gegenwind oder bei Rückenwind in Abhängigkeit der gefahrenen Gerade, zwei Windsituationen zu erkennen. Wie der **Abbildung 3.8** zu entnehmen ist, waren die Windverhältnisse des *Fahrversuchs T3* von einer seitlichen Windkomponente geprägt. Beide Fahrversuche zeigen eine vergleichbare Streubreite des Windwinkels α, allerdings weist der *Fahrversuch T3* eine um 33 % niedrigere durchschnittliche Windstärke $\bar{v}_{Wind}$ auf.

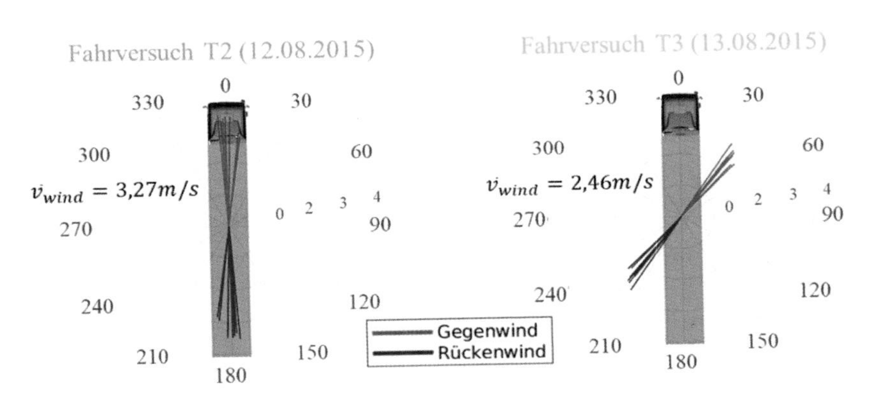

Abbildung 3.8: Windsituation: Entwicklung der Windstärke v_{Wind} über der Windrichtung α für die gefahrenen Strecke im Fahrversuch

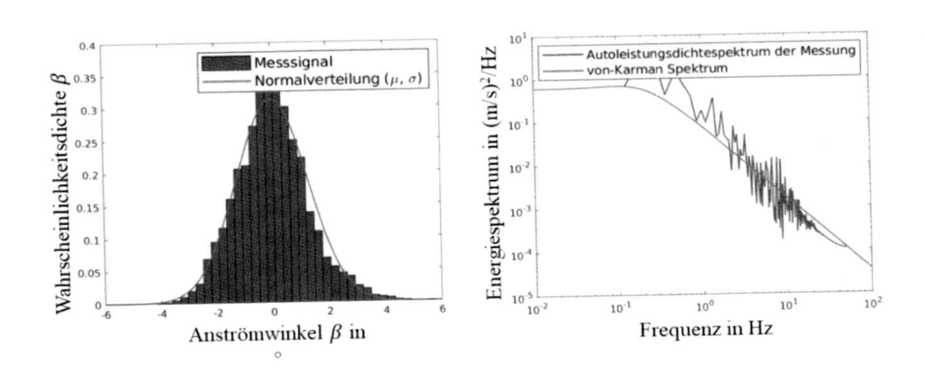

Abbildung 3.9: Anströmsituation: Anströmwinkel im gesamten *Fahrversuch T2* (links). Energiespektrum der $v_{Res,y}$ auf einer Sektion (rechts)

Die Anströmsituation, die das fahrende Nutzfahrzeug erfährt, lässt sich durch die resultierende Anströmgeschwindigkeit v_{Res} und den Anströmwinkel β nach **Abbildung 2.1** definieren. Der Anströmwinkel spielt eine wesentliche Rolle bei der Charakterisierung der Strömungssituation. Wie in **Abbildung 3.9** veranschaulicht wird, darf die Anströmung am Fahrzeug nicht als eine ideale Frontalanströmung betrachtet werden. Diese ähnelt stark einer statistischen Normalverteilung und kann entsprechend anhand des statistischen Mittelwerts μ und der Standardabweichung σ beschrieben werden. Allerdings sind bei einem ausgeprägten Seitenwindverhalten im Fahrversuch Änderungen der statistischen Schiefe und Wölbung der Wahrscheinlichkeitsdichtefunktion des Anströmwinkels β zu erkennen.

In **Tabelle 3.1** ist die statistische Beschreibung der Anströmsituation beider Fahrversuche gegenübergestellt. Diese weisen eine um $\beta = 0°$ zentrierte Anströmwinkelverteilung auf. Zudem entspricht die größere $\sigma(\beta)$ des *Fahrversuchs T3* einem breiteren β-Spektrum.

Tabelle 3.1: Statistische Beschreibung des Anströmwinkels β für den gesamten Fahrversuch

	Mittelwert (μ)	Standardabweichung (σ)
Fahrversuch T2	-0,005°	1,27°
Fahrversuch T3	-0,3°	4,44°

Die turbulenten Eigenschaften der Anströmung werden mit den im Kapitel 2.4 vorgestellten Turbulenzgrößen gekennzeichnet. Hierfür wird zur Berechnung der Turbulenzgrößen ein bestimmtes Zeitfenster mit einer Zeitdauer von 8 s betrachtet, um die aufgenommenen Messsignale der Strömungsgrößen auszuwerten. Das festgelegte Zeitfenster stellt der nötigen Dauer zur Überquerung einer Sektion dar.

Die durchschnittlichen Werte der Turbulenzgrößen, wie das Längenmaß und der turbulenten Intensität sind in **Tabelle 3.2** in Abhängigkeit der räumlichen Komponente aufgetragen. Im Allgemeinen ist die Größenordnung der Werte beider Fahrversuche vergleichbar. In beiden Fällen zeigen die durchschnittlichen Werte der Querkomponente der Anströmung kleinere Längenskalen, aber gleichzeitig eine höhere turbulente Intensität, was auf die topografischen Einflüsse zurückzuführen ist. Zudem sind beim *Fahrversuch T3* sowohl größere Längenskalen als auch höhere turbulente Intensitäten zu erkennen, die auf ungünstigere Windverhältnisse und die Interaktion mit der Topografie hindeuten.

Tabelle 3.2: Gemittelte turbulente Größen aus dem Fahrversuch

	Turbulente Länge (L_x)	Turbulente Länge (L_y)	Turbulente Intensität (T_x)	Turbulente Intensität (T_y)
Fahrversuch T2	20,5 m	11,1 m	1,5 %	2,2 %
Fahrversuch T3	24,9 m	13,6 m	4,4 %	7,8 %

Eine weitere Interpretation der Strömungssituation kann mithilfe der Arbeiten von Wordley und Saunders [12, 13] durchgeführt werden. Die Autoren definieren anhand von Straßenmessungen L_i-T_i-Bereiche und legen deren Zusammenhang mit den Umwelteinflüssen fest. Auf diese Weise können die erwarteten Eigenschaften der Anströmung als Funktion der be-rechneten Turbulenzgrößen in **Abbildung 3.10** abgelesen werden. Dadurch kann sichergestellt werden, dass die Anströmsituation im *Fahrversuch T2* in einer charakterisierten „Smooth Terrain"-Umgebung stattgefunden hat, was einer Anströmsituation mit begrenzten Umwelteinflüssen entspricht. Im Gegenteil dazu zeigt der *Fahrversuch T3*, trotz der gleichen gefahrenen Messstrecke, eine andere Strömungssituation. Während die longitudinale Komponente der Anströmung (L_x, T_x) eine Fahrt auf einer Strecke mit flacher Topografie darstellt, werden die Querkomponenten der Anströmung (L_y, T_y) nach **Abbildung 3.10** als „Roadside Obstacles" charakterisiert. Dies deutet erneut daraufhin, dass die ausgeprägten Seitenwindverhältnisse im *Fahrversuch T3* stark mit der Topografie interagieren und somit die vom Fahrzeug erfahrene Anströmung signifikant beeinflussen.

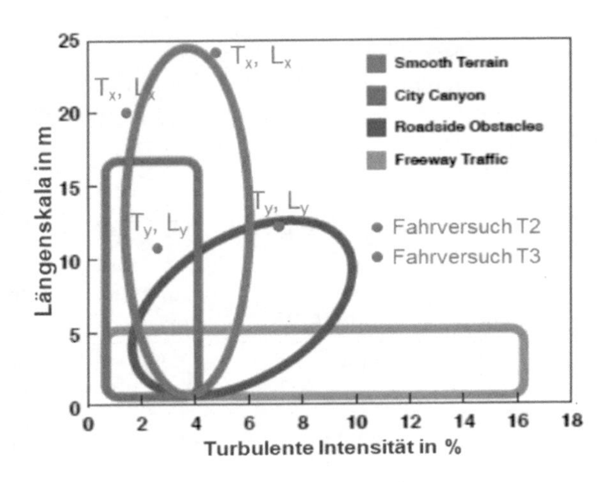

Abbildung 3.10: Charakterisierung der turbulenten Anströmsituation im Fahrversuch (in Anlehnung an [7])

3.3.2 Fahrversuche von MAN Truck&Bus

In den Jahren 2017 und 2018 führte die Firma MAN Truck&Bus eine Fahrversuchskampagne auf dem Dekra Test Oval durch. Zur Erweiterung der Kenntnisse der Strömungssituation auf diesem Prüfgelände stellte MAN Truck&Bus 12 vollständige Fahrversuche mit dem Fahrzeugtyp MAN-TGX zur Verfügung (**Abbildung 3.11**).

Abbildung 3.11: Versuchsfahrzeug MAN-TGX

Die Fahrversuche wurden sowohl komplett als auch unter Betrachtung der von MAN Truck&Bus ausgewählten Sektionen ausgewertet. Aus diesem Grund wird in der folgenden Analyse zwischen der Betrachtung des gesamten Messtages sowie der Betrachtung einer konkreten Sektionsauswahl unterschieden.

In **Abbildung 3.12** ist die statistische Beschreibung des Anströmwinkels β unterschiedlicher Fahrversuche dargestellt. Wie aus der Grafik zu entnehmen ist, sind die durchschnittlichen Werte des Anströmwinkels vergleichbar klein und hängen stark von der Sektionsauswahl ab. Dies ist insbesondere bei der Betrachtung des gesamten Messtages zu erkennen. Dabei ist aufgrund der größeren Streubreite des β eine Reduktion des Mittelwertes und eine höhere Standardabweichung von β zu entnehmen.

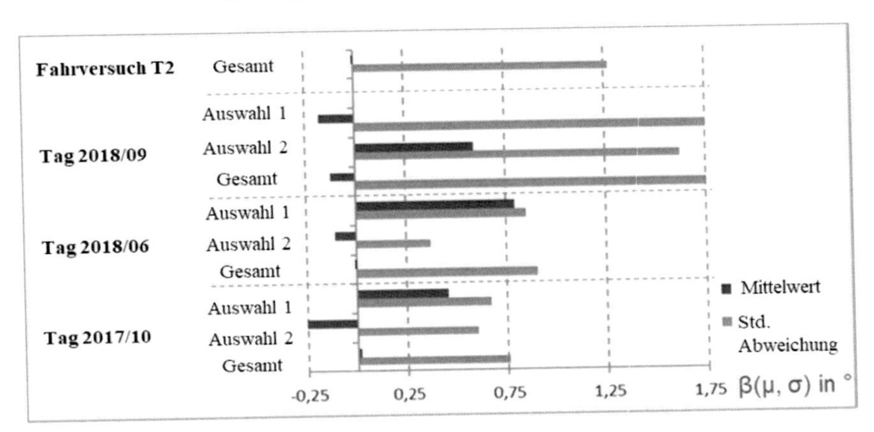

Abbildung 3.12: Anströmsituation: Mittelwert und Standardabweichung des Anströmwinkels β unterschiedlicher Fahrversuche

Aus den gemittelten Turbulenzgrößen in **Abbildung 3.13** kann erkannt werden, dass die verschiedenen Fahrversuche vergleichbare Längenskalen aufweisen, wohingegen die Werte der turbulenten Intensitäten stark variieren. Diese zeigen eine direkte Korrelation mit der Varianz des Anströmwinkels $\sigma^2(\beta)$. Eine höhere Standardabweichung des Anströmwinkels hängt mit einer höheren Fluktuation der Geschwindigkeitskomponenten der Anströmung zusammen und deutet auf den entsprechenden Energiegehalt der Anströmung hin.

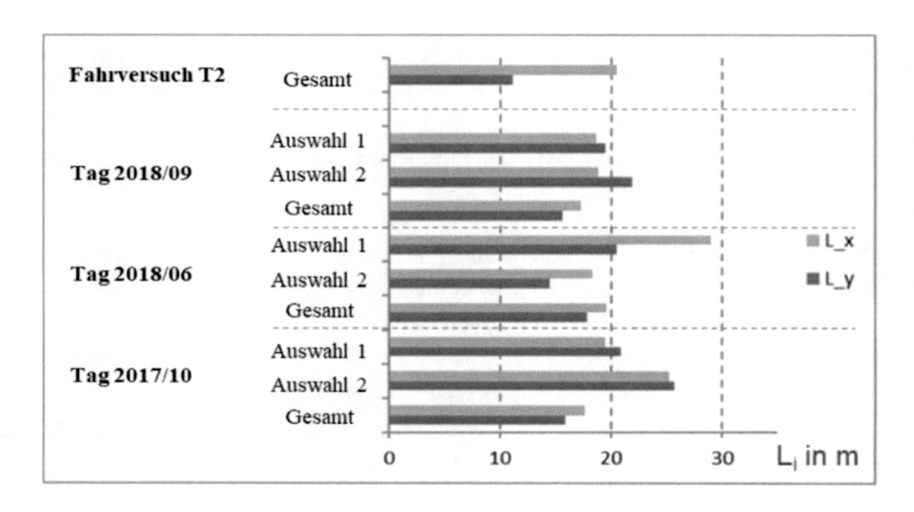

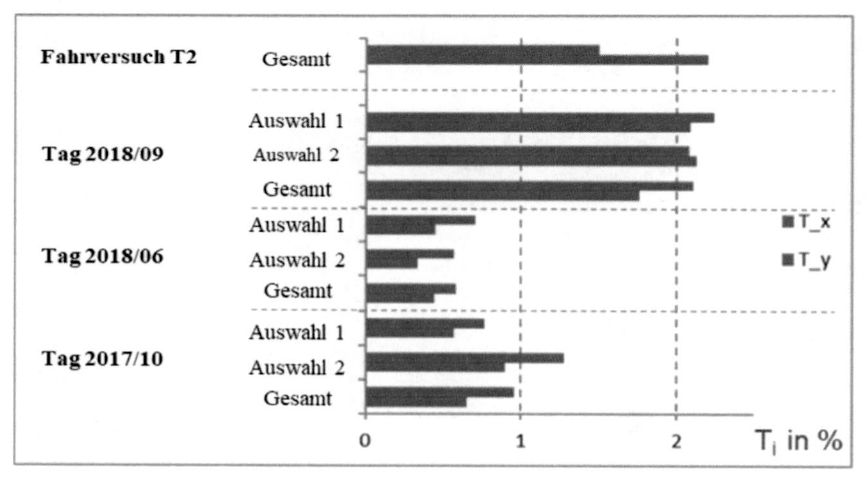

Abbildung 3.13: Gemittelte turbulente Größen aus den Fahrversuchen

Zur Vergleichbarkeit der Ergebnisse sind die turbulenten Größen aus dem *Fahrversuch T2* mit dem MAN-TGA auch in **Abbildung 3.13** dargestellt. Diese zeigen eine vergleichsweise moderate Anströmsituation, wobei die turbulente Intensität der Querkomponente der Anströmung aufgrund der großen $\sigma(\beta)$ eine höhere enthaltene Energie aufweist.

Analog zur Analyse der Fahrversuche von IPW Automotive kann die Anströmung der Fahrversuche mit den MAN-TGX anhand der von Wordley und Saunders definierten L_i-T_i-Bereiche charakterisiert werden.

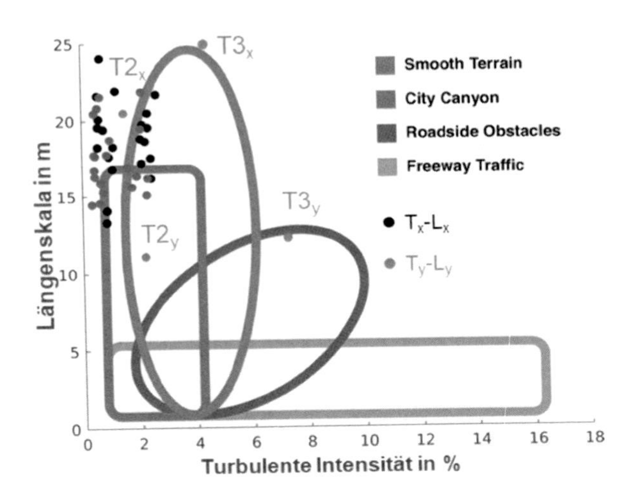

Abbildung 3.14: Charakterisierung der turbulenten Anströmsituation im Fahrversuch (in Anlehnung an [7])

Durch die **Abbildung 3.14** lassen sich die von MAN durchgeführten Fahrversuche aufgrund ihrer niedrigen turbulenten Intensität und gleichzeitig vergleichbar großen Längenskalen als „Smooth Terrain" kennzeichnen. Der Grund hierfür liegt in der Entwicklung der turbulenten Eigenschaften der Anströmung über der Höhe, sodass auf der Höhe des angebrachten Anemometers bei moderaten Windverhältnissen kleinere turbulente Intensitäten zu erwarten sind. Derartige Schlussfolgerungen können unter Zuhilfenahme der Straßenmessungen des NRCC [14, 15] gezogen werden. Wie in **Abbildung 3.15** und **Abbildung 3.16** zu sehen ist, verhält sich die Längenskala mit der Höhe entgegengesetzt zur turbulenten Intensität. Hierbei ist die Streubreite der Ergebnisse mit dem MAN-TGX mit den Kurven „MLL" und „MMM", welche für niedrige und moderate Umwelteinflüsse stehen, zu vergleichen. Allerdings beträgt die maximale Höhe der vom NRCC aufgezeichneten Straßenmessungen 4 m über der Fahrbahn, wie in den Abbildungen zu erkennen ist. Trotz des nicht abgedeckten Bereichs auf Anemometerhöhe (ca. 5,5 m) lässt sich anhand der dargestellten Kurvenentwicklung feststellen, dass die Streubreite der hier analysierten Fahrversuchsergebnisse charakterisierbar und konsistent mit den Untersuchungen des NRCC sind.

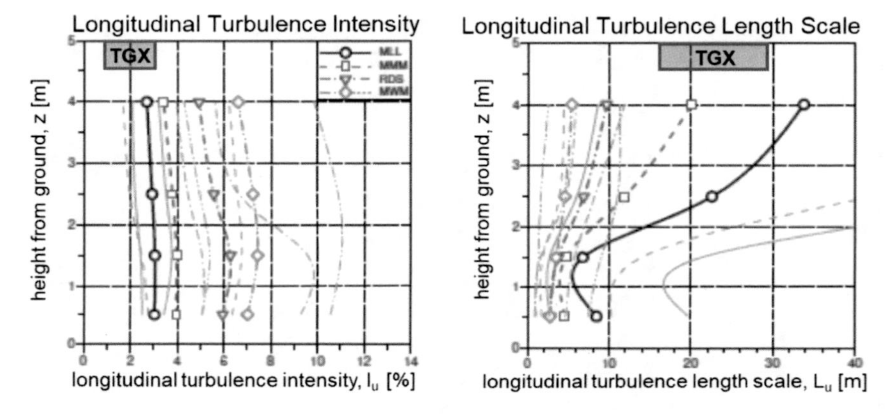

Abbildung 3.15: Turbulente Intensität und Längenmaß der longitudinalen Komponente der Anströmung über der Höhe nach [14, 15] und Streubreite des TGX-Fahrversuchs

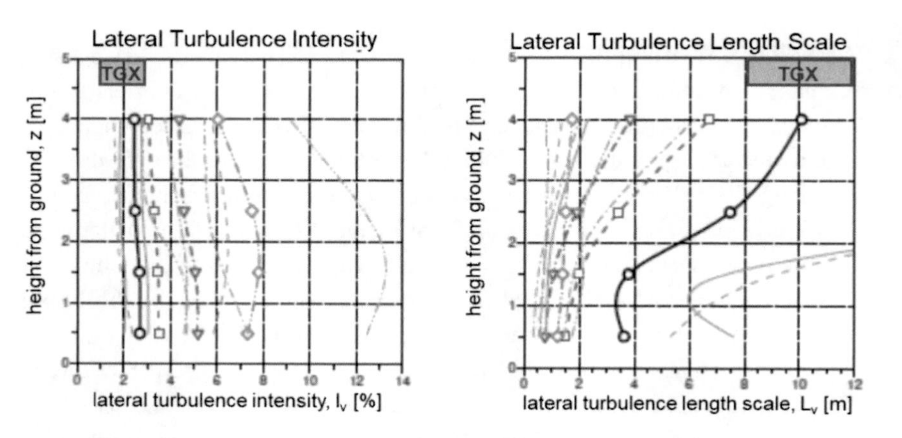

Abbildung 3.16: Turbulente Intensität und Längenmaß der Querkomponente der Anströmung über der Höhe nach [14, 15] und Streubreite des TGX-Fahrversuchs

4 Modellierung der natürlichen Windverhältnisse

Der Einfluss der durch den natürlichen Wind geprägten instationären Anströmung auf die Aerodynamik eines Nutzfahrzeugs wird in der vorliegenden Arbeit anhand numerischer Strömungsberechnung untersucht. Hierfür wird als Grundlage zunächst das aerodynamische Verhalten des Nutzfahrzeugs unter stationären Windbedingungen betrachtet. Anschließend wird das Nutzfahrzeug instationären Windverhältnissen ausgesetzt. Zur Modellierung der zeitabhängigen turbulenten Anströmung, welche die Anströmsituation im Fahrversuch abbildet, werden verschiedene Ansätze verfolgt. Diese und deren Umsetzung in der numerischen Strömungssimulation werden im nachfolgenden Kapitel vorgestellt.

4.1 Stationäre Windverhältnisse

Die Untersuchung der stationären Windverhältnisse sorgt für ein besseres Verständnisses über den Einfluss einer Schräganströmung auf die Fahrzeugaerodynamik. Ebenfalls dienen die daraus entstehenden Erkenntnisse als Referenz für den Vergleich mit der instationären Anströmung.

Die Modellierung eines stationären Seitenwindes in der Strömungssimulation basiert auf der Strömungssituation im Fahrversuch. Hierfür werden die durchschnittlichen Werte der Strömungsgrößen der Fahrversuche von IPW Automotive in Betracht gezogen, welche im Kapitel 3.3.1 analysiert werden.

Eine Fahrzeuggeschwindigkeit $\bar{v}_{Fzg}$ von 87,2 km/h, welche der im Fahrversuch durchschnittlichen Fahrgeschwindigkeit entspricht, wird festgelegt. Ebenso wird die durchschnittliche Windstärke $\bar{v}_{Wind}$ mithilfe der Auswertung der Windsituation beider Fahrversuchstage ermittelt.

C. Peiró Frasquet, *Digitale Zertifizierung der aerodynamischen Eigenschaften von schweren Nutzfahrzeugen*, Wissenschaftliche Reihe Fahrzeugtechnik Universität Stuttgart, https://doi.org/10.1007/978-3-658-46398-4_4

$$\bar{v}_{Wind} = \frac{\bar{v}_{Wind,T2} + \bar{v}_{Wind,T3}}{2} \qquad \text{Gl. 4.1}$$

Nach Gl. 4.1 beträgt die durchschnittliche Windstärke im Fahrversuch 2,9 m/s. Dieser Wert ist mit den vorherrschenden Windgeschwindigkeiten in Europa vergleichbar, welche sich aus der Literatur entnehmen lassen [57, 58].

Neben der mittleren Fahr- und Windgeschwindigkeit ist bei der Definition der Anströmsituation ebenfalls die Windrichtung von entscheidender Bedeutung. Die im Kapitel 3.3 vorgestellten Fahrversuchsergebnisse zeigen, dass die Wahrscheinlichkeitsdichtefunktion des Anströmwinkels β einer Normalverteilung folgt, sodass dieser außerhalb eines bestimmten Bereichs nur mit geringer Wahrscheinlichkeit auftritt. In Anlehnung an die Untersuchungen zum Einfluss des Seitenwinds in [2] wird ein für Nutzfahrzeuge repräsentativer Anströmwinkelbereich von [0°, 3°] berücksichtigt. Die Windrichtung, der Anströmwinkel und die auf das Fahrzeug wirkenden Geschwindigkeitskomponenten lassen sich anhand der trigonometrischen Beziehungen in **Abbildung 2.1** herleiten und sind in **Tabelle 4.1** dargestellt. Letztlich wird die Abstufung der Anströmwinkel nach [2] gewählt.

Tabelle 4.1: Stationäre Anströmbedingungen

Windrichtung $\boldsymbol{\alpha}$ in °	Anströmwinkel $\boldsymbol{\beta}$ in °	Resultierende Geschwindigkeit $\boldsymbol{v_{Res,x}}$ in m/s	Resultierende Geschwindigkeit $\boldsymbol{v_{Res,y}}$ in m/s
0	0	27,10	0
~9	1	27,06	-0,45
~29	3	26,73	-1,40

Den in **Tabelle 4.1** dargestellten resultierenden Geschwindigkeitskomponenten kann entnommen werden, dass bei einer idealen Frontalanströmung ($\beta = 0°$) die mittlere Windgeschwindigkeit $\bar{v}_{Wind}$ der Fahrzeuggeschwindigkeit $\bar{v}_{Fzg}$ addiert wird. Eine Zunahme der Windrichtung α bedeutet, entsprechend des Anströmwinkels β, die Entstehung der seitlichen Anströmkomponente.

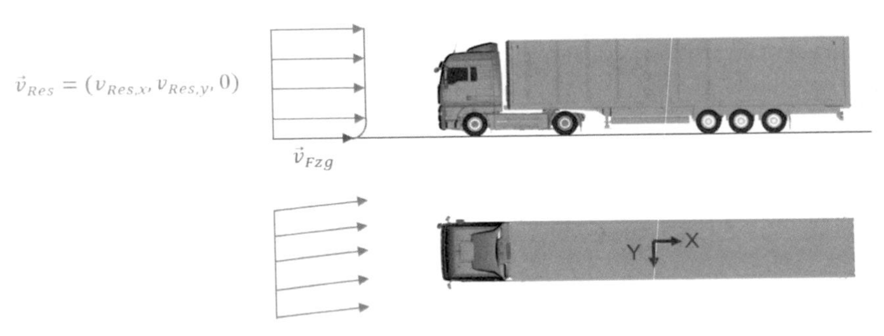

Abbildung 4.1: Randbedingungen unter stationärer Schräganströmung

Die oben angegebenen Komponenten der resultierenden Geschwindigkeit werden über den gesamten Einlass in das Simulationsvolumen vorgegeben, sodass sich dort eine konstante Geschwindigkeitsverteilung über den Querschnitt ergibt (**Abbildung 4.1**). Nach [2] ist das asymmetrische Verhalten von Nutzfahrzeugkonfigurationen unter Einfluss des Seitenwinds bekannt. Dies wird in der vorliegenden Arbeit allerdings nicht explizit untersucht. Die Untersuchung der Schräganströmung soll dazu dienen, ein besseres Verständnis über den Einfluss einer stationären seitlichen Anströmung aufzubauen sowie Referenzwerte für den Vergleich mit der instationären Anströmung festzulegen.

4.2 Instationäre Windverhältnisse

Zur Erzeugung instationärer Anströmbedingungen in der numerischen Strömungssimulation werden im Rahmen dieser Arbeit drei unterschiedliche Verfahren verwendet. Diese unterscheiden sich gemäß der zugrundeliegenden Ansätze zur Modellierung der Windverhältnisse. Es werden Randbedingungen erzeugt, die zum einen direkt auf einem aus dem Fahrversuch erfassten Messsignal basieren und zum anderen mithilfe berechneter Fluktuationsfelder die Windverhältnisse abbilden. Zuletzt werden die genannten

Ansätze kombiniert, um hybride Randbedingungen zu erzeugen, welche die Eigenschaften der ursprünglichen Verfahren synergetisch nutzen.

Um genaue Kenntnisse über die Prognosegüte und Sensitivität der verwendeten Verfahren zur Abbildung der instationären Anströmung in der Strömungssimulation zu erzielen, werden jeweils zwei unterschiedliche Strömungssituationen untersucht. Zu diesem Zweck eignen sich die in Kapitel 3.3.1 analysierten Fahrversuche von IPW Automotive besonders gut. Grund dafür sind die deutlich unterschiedlichen Windverhältnisse an den Messtagen, an welchen die Fahrversuche stattfanden. Zur Vergleichbarkeit mit dem Messzeitfenster im Fahrversuch, welches zur Durchfahrt einer Sektion notwendig ist, wird eine Dauer der Simulation und der entsprechenden vorgegebenen Randbedingung von 8 s betrachtet.

4.2.1 Charakteristische Messsignale aus dem Fahrversuch

Dieses Verfahren zur Modellierung der instationären Anströmung in der numerischen Strömungssimulation beruht auf der Annahme, dass durch das Anemometer im Fahrversuch aufgenommenen Strömungsgrößen als eine repräsentative Darstellung der Anströmbedingungen betrachtet und somit als Anströmrandbedingungen vorgegeben werden können.

Die Beschreibung der Anströmung in der numerischen Strömungssimulation erfolgt entsprechend über ein aus dem Fahrversuch erzeugtes Signal. Die durch den Fahrversuch vorhandene Messsignale werden zunächst anhand einer Messsignalanalyse bearbeitet. Anschließend werden repräsentative Messfenster ausgewählt, welche die Windverhältnisse und die Strömungssituation des entsprechenden Fahrversuchs korrekt wiedergeben. Ein charakteristisches Messsignal wird folgendermaßen definiert:

a) Das Messsignal des Anemometers wird mittels Messsignalanalyse bearbeitet und tiefpassgefiltert.

b) Unter Berücksichtigung der charakteristischen Strömungssituation im gesamten Fahrversuch (Messtag) wird ein repräsentatives Messfenster ausgewählt.

c) Das ausgewählte Messfenster wird nach den durchschnittlichen Werten der Strömungsgrößen des Messtages skaliert.

Das resultierende charakteristische Messsignal wird in Form eines zeitabhängigen Geschwindigkeitsvektors dargestellt, der vom Strömungslöser eingelesen werden kann. Zur Definition der Anströmrandbedingung werden, wie in **Abbildung 4.2** skizziert, die longitudinalen und lateralen Geschwindigkeitskomponenten über den gesamten Einlass in der Simulationsdomain entsprechend vorgegeben, sodass sich dort eine zeitabhängige homogene Geschwindigkeitsverteilung über den Querschnitt ergibt.

Abbildung 4.3 und **Abbildung 4.4** stellen die charakteristischen Messsignale jeweils für die unterschiedlichen 2 Messstage dar, die als Randbedingungen im Strömungslöser vorgegeben werden. Diese werden zur Analyse der Übertragungsqualität der Anströmung in der Strömungssimulation anhand Voruntersuchungen bei leerer Simulationsdomain untersucht. Es zeigte sich, dass das Übertragungsverhalten eine sehr gute Übereinstimmung für die vorgegebene Anströmung aufweist. Dies deutet, dass die räumliche und zeitliche Diskretisierung für die Abbildung der Strömungsphänomene geeignet ist.

Das vorgestellte Verfahren erzeugt anhand von vorhandenen Fahrversuchsmessdaten charakteristische Messsignale, welche in der Strömungssimulation als Randbedingung vorgegeben. Diese stellen eine nicht homogene und anisotrope Anströmung dar. Allerdings bezieht sich die festgelegte Anströmrandbedingung auf ein Signal, welches an nur einem Punkt im Strömungsfeld aufgezeichnet wird, sodass das Fahrzeug in der Strömungssimulation eine planar behaftete Anströmung erfährt. In einer realen Anströmung sind auch räumliche Eigenschaften vorhanden. Zudem erfordert dieser Ansatz die Anwendung von erfassten Messergebnissen und nicht nur die Kenntnisse über die durchschnittlichen Strömungs- und Turbulenzmerkmale.

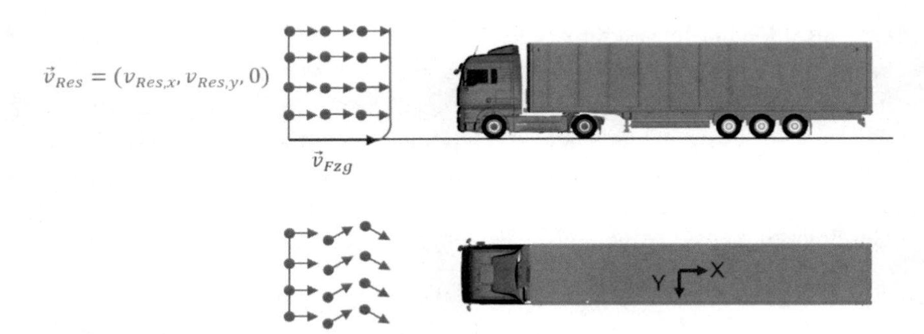

Abbildung 4.2: Skizze der Randbedingung einer instationären Anströmung über ein aus dem Fahrversuch erfasstes Messsignal

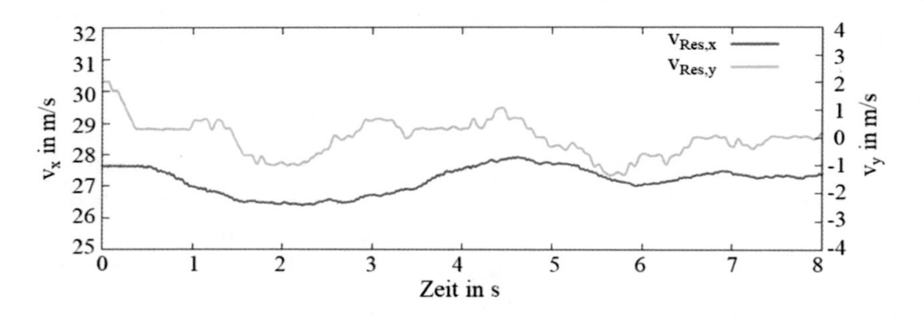

Abbildung 4.3: Zeitliche Entwicklung der Geschwindigkeitskomponenten zur Abbildung der Strömungssituation *Fahrversuch T2*

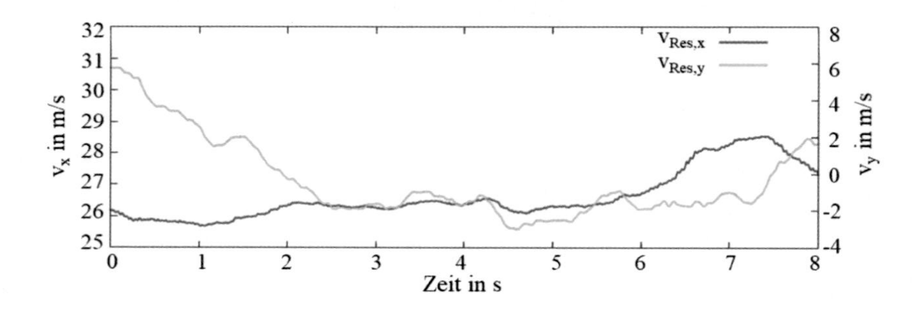

Abbildung 4.4: Zeitliche Entwicklung der Geschwindigkeitskomponenten zur Abbildung der Strömungssituation *Fahrversuch T3*

4.2.2 Die Mann-Methode

Der im Unterkapitel 4.2.1 eingeführte Ansatz zur Abbildung der Anströmsituation bezieht sich auf eine durch das Anemometer aufgezeichnete Messung der Strömungsgrößen. Die vorgegebene Anströmung stellt ein zeitlich veränderliches homogenes Geschwindigkeitsprofil dar. Die instationäre Natur der Anströmung wird dabei abgebildet, allerdings werden die räumlichen Fluktuationen der Windgeschwindigkeit vernachlässigt.

Die Mann-Methode, die ihren Ursprung im Windingenieurswesen hat, ermöglicht die Abbildung der turbulenten Geschwindigkeitsfluktuationen u', v', w' des natürlichen Windes [59, 60]. Die bisherigen Einsatzbereiche der Methode sind die Berechnung der Windbelastung von Brücken und Windrädern [61] sowie die Berechnung der turbulenten Einlassbedingung im Kontext der numerischen Strömungssimulation.

Die Mann-Methode stellt drei verstellbare Parametergrößen zur Verfügung:

a) Die erwartete turbulente Länge L_{Mann}, welche die Wirbelgröße beschreibt.

b) Die Dissipation der turbulenten kinetischen Energie $\alpha\varepsilon^{2/3}$.

c) Der Parameter Γ, welcher die Anisotropie der Strömung steuert.

Zur Berechnung der Geschwindigkeitsfluktuationen in einem dreidimensionalen Feld sind folgende Schritte erforderlich:

- Berechnung des spektralen Tensors und der Fourier Koeffizienten $C_{ij}(k)$

Der spektrale Tensor ist der zentrale Bestandteil der Mann-Methode. Dieser beinhaltet die räumlichen Kovarianzen der Geschwindigkeitsfluktuationen (u', v', w'). Insofern gibt dieser Auskunft über den Grad der Korrelation einer Geschwindigkeitskomponente eines Punkts P_a im Strömungsfeld mit derselben Komponente an einem angrenzenden Punkt P_b, wie **Abbildung 4.5** dargestellt.

Da die mathematischen Operationen dieser Methode im Frequenzbereich durchgeführt werden, wird der spektrale Tensor im Wellenzahlbereich dargestellt. Der Wellenzahlbereich, über dem der spektrale Tensor aufgespannt wird, kann nach Gl. 4.2 definiert werden.

$$k_i = m_i \frac{2\pi}{L_{D,i}} \qquad \text{Gl. 4.2}$$

Dabei stellt $m_i = -\frac{N_i}{2}, \ldots, \frac{N_i}{2}$ mit $i = (1,2,3)$ dar. Hier sind $L_{D,i}$ die Abmessung der berechneten Domain und N_i die Anzahl an Punkten entlang der jeweiligen Raumrichtung.

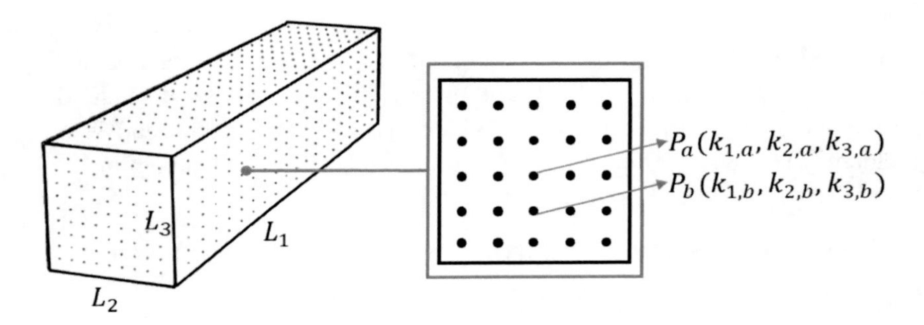

Abbildung 4.5: Größe und Auflösung der berechneten Domain der Mann-Methode [60]

Der eingeführten Betrachtung der Domaingröße und deren Diskretisierung im Wellenzahlbereich werden diese später über eine Fouriertransformation in eine räumliche Darstellung überführt. Die Dimensionen L_2 und L_3 stellen jeweils die Breite und die Höhe des berechneten Strömungsfelds dar. Demnach entsprich L_1 der zeitlichen Entwicklung, sodass die Anzahl an Punkten N_1 als die Anzahl der Zeitschritte betrachtet werden kann. Bei einer gewünschten Simulationsdauer t_{Sim} und einer zeitlichen Auflösung $f_{Einlass}$, ergibt sich die notwendige Anzahl an Punkten N_1 entsprechend der Gl. 4.3.

$$N_1 = t_{Sim} \cdot f_{Einlass} \qquad \text{Gl. 4.3}$$

In der Folge werden die Wellenzahlvektoren k_i jeweils zu einem räumlichen Gitter der Größe N_1, N_2, N_3 aufgespannt. Die Terme des symmetrischen spektralen Tensors $\Phi_{ij}(k)$ lassen sich folgendermaßen berechnen:

$$\Phi_{11}(k) = \frac{E(k_0)}{4\pi {k_0}^4}\left({k_0}^2 - {k_1}^2 - 2k_1 k_{30}\varsigma_1 + \left({k_1}^2 + {k_2}^2\right){\varsigma_1}^2\right) \quad \text{Gl. 4.4}$$

$$\Phi_{22}(k) = \frac{E(k_0)}{4\pi {k_0}^4}\left({k_0}^2 - {k_2}^2 - 2k_2 k_{30}\varsigma_2 + \left({k_1}^2 + {k_2}^2\right){\varsigma_2}^2\right) \quad \text{Gl. 4.5}$$

$$\Phi_{33}(k) = \frac{E(k_0)}{4\pi k^4}\left({k_1}^2 + {k_2}^2\right) \quad \text{Gl. 4.6}$$

$$\Phi_{12}(k) = \frac{E(k_0)}{4\pi {k_0}^4}\left(-\mathrm{k}_1\mathrm{k}_2 - \mathrm{k}_1\mathrm{k}_{30}\varsigma_2 - \mathrm{k}_2\mathrm{k}_{30}\varsigma_1 + \left({k_1}^2 + {k_2}^2\right)\varsigma_1\varsigma_2\right) \quad \text{Gl. 4.7}$$

$$\Phi_{13}(k) = \frac{E(k_0)}{4\pi {k_0}^2 k^2}\left(-\mathrm{k}_1\mathrm{k}_{30} + \left({k_1}^2 + {k_2}^2\right)\varsigma_1\right) \quad \text{Gl. 4.8}$$

$$\Phi_{23}(k) = \frac{E(k_0)}{4\pi {k_0}^2 k^2}\left(-\mathrm{k}_2\mathrm{k}_{30} + \left({k_1}^2 + {k_2}^2\right)\varsigma_2\right) \quad \text{Gl. 4.9}$$

Wie in den obigen Gleichungen zu erkennen ist, sind den Einträge des Tensors das von-Kármán-Energiespektrum nach Gl. 4.10 zugrunde gelegt.

$$E(k) = \alpha\varepsilon^{\frac{2}{3}} L^{\frac{5}{3}}{}_{Mann} \frac{(L_{Mann} \cdot k)^4}{(1 + (L_{Mann} \cdot k)^2)^{\frac{17}{6}}} \quad \text{Gl. 4.10}$$

Die Wellenzahlräume k und k_0 berechnen sich entsprechend der Gl. 4.11 und Gl. 4.12. In diesem Zusammenhang kann der Wellenraum k_0 als Anfangsbedingung verstanden werden, wobei $k_{30} = k_3 + \beta_{Mann} k_1$ gilt.

$$k = \sqrt{{k_1}^2 + {k_2}^2 + {k_3}^2} \qquad \text{Gl. 4.11}$$

$$k_0 = \sqrt{{k_1}^2 + {k_2}^2 + {k_{30}}^2} \qquad \text{Gl. 4.12}$$

Zudem berücksichtigen die Größen ς_1 und ς_2 die Wirbellebensdauer, welche mithilfe der „rapid distorsion theory" festgelegt werden kann [61]. Die Größen ς_1 und ς_2 können nach en folgenden Gleichungen berechnet werden:

$$\varsigma_1 = \mathrm{C}_1 - \frac{k_2}{k_1}\mathrm{C}_2 \qquad \text{Gl. 4.13}$$

$$\varsigma_2 = \frac{k_2}{k_1}C_1 + C_2 \qquad \text{Gl. 4.14}$$

$$C_1 = \frac{\beta_{Mann}{k_1}^2({k_0}^2 - 2{k_{30}}^2 + \beta k_1 k_{30})}{k^2\left({k_1}^2 + {k_2}^2\right)} \qquad \text{Gl. 4.15}$$

$$C_2 = \frac{k_2{k_0}^2}{\left({k_1}^2 + {k_2}^2\right)^{\frac{3}{2}}} arctan\left(\frac{\beta_{Mann}k_1\left({k_1}^2 + {k_2}^2\right)^{\frac{1}{2}}}{{k_0}^2 - k_{30}k_1\beta_{Mann}}\right) \qquad \text{Gl. 4.16}$$

Die dimensionslose Zeit β_{Mann} ist als Produkt aus Scherung und Zeit definiert: $\beta_{Mann} = \frac{dU}{dz}t$.

Im Rahmen der Modellbildung erfolgt eine Substitution der Zeit t durch die Wirbellebensdauer τ_{Wirbel}. Die Definition dieser Größe lautet wie folgt:

$$\tau_{Wirbel}(k) = \Gamma\left(\frac{dU}{dz}\right)^{-1} (kL_{Mann})^{-\frac{2}{3}} \left({}_2F_1\left(\frac{1}{3},\frac{17}{6};\frac{4}{3};-(\mathrm{kL_{Mann}})^{-2}\right)\right)^{-\frac{1}{2}} \quad \text{Gl. 4.17}$$

Dabei ist ${}_2F_1$ die Hypergeometrischen Funktion.

Die Fourier Koeffizienten werden $C_{ij}(k)$ gemäß Gl. 4.18 berechnet.

$$C_{ij}(k) = \frac{(2\pi)^{\frac{3}{2}}}{V(B)^{\frac{1}{2}}} A_{ij}(k) \quad \text{Gl. 4.18}$$

Wobei $V(B) = L_{D,1}L_{D,2}L_{D,3}$ ist das Volumen der berechneten Domain. Die Koeffizienten $A_{ij}(k)$ können über $A^*_{ik}A_{jk} = \Phi_{ij}$ bestimmt werden. Dies bedeutet, $A_{ij}(k)$ entspricht der Quadratwurzel von $\Phi_{ij}(k)$.

- Betrachtung einer Gaußschen Normalverteilung $n_j(k)$

Zur Berücksichtigung des natürlichen Windverhaltens wird in der Mann-Methode angenommen, dass die berechneten Fluktuationen eine Gauß-verteilung darstellen. Um dieses Verhalten modellieren zu können, wird eine normalverteilte komplexe Zufallsvariable $n_j(k)$ generiert. Diese weist einen Mittelwert von null und eine Standardabweichung von eins auf.

- Fourier-Transformation der Terme

Zuletzt werden die berechneten Fourier-Koeffizienten mit der Gaußschen Normalverteilung multipliziert. Anschließend wird das dreidimensionale Geschwindigkeitsfluktuationsfeld $u'_i(x)$ über eine Fouriertransformation in eine räumliche Darstellung überführt.

$$u'_i(x) = \sum_k e^{ikx}\, \mathrm{C_{ij}(k) n_j(k)} \quad \text{Gl. 4.19}$$

In $u'_i(x)$ sind die drei Komponenten der Geschwindigkeitsfluktuation u', v', w' enthalten.

Durch die von der Mann-Methode vorgesehene Berechnung der Kovarianzen, die Betrachtung der von-Kármán-Spektren sowie die Überlagerung einer Gaußverteilung entsteht eine stochastische Verteilung der berechneten Geschwindigkeitsfluktuationen. Dies bedeutet, dass das anhand der Mann-Methode berechnete Fluktuationsfeld die Merkmale des natürlichen Winds besitzt, indem es ein kohärentes, inhomogenes und anisotropes Verhalten abbildet. Das hierbei erzeugte Fluktuationsfeld wird einer konkreten Anströmsituation, beispielsweise einer frontalen Anströmung, überlagert. Dabei entsteht aufgrund des fluktuierenden Anteils eine Strömung, die als instationär und räumlich veränderlich betrachtet werden kann.

Die Definition von Anströmrandbedingungen für die numerische Strömungssimulation anhand der Mann-Methode erfolgt an erster Stelle mit der Berechnung der Geschwindigkeitsfluktuationsfelder. Anschließend lassen sich die berechneten Felder einer Anströmsituation im Strömungslöser überlagern. Das gesamte Vorgehen zur Erzeugung der Anströmrandbedingungen wird im Folgenden beschrieben.

Die Mann-Methode berechnet einen Tensor, der die drei räumlichen turbulenten Geschwindigkeitsfluktuationen enthält. Wie aus **Abbildung 4.5** entnommen werden kann, ist dieser Tensor über dem diskreten dreidimensionalen Raum $L_{D,1} \times L_{D,2} \times L_{D,3}$ aufgespannt. Die räumliche Abfolge der Ebenen $L_{D,2} \times L_{D,3}$ entlang der Raumrichtung $L_{D,1}$ kann unter Zuhilfenahme der Geschwindigkeit als zeitliche Abfolge interpretiert werden. Diese Ebenen ermöglichen somit die Darstellung einer transienten Randbedingung, welche nachträglich am Einlass des Simulationsgebiets im Strömungslöser vorgegeben werden kann.

Zur Beschreibung der physikalischen Eigenschaften der Fluktuationen sind drei Parameter erforderlich: die turbulente Länge, die Dissipation der turbulenten kinetischen Energie $\alpha\varepsilon^{2/3}$ und schließlich der Parameter Γ. Der letztgenannte Parameter liefert Informationen über die Anisotropie der Fluktuationen. Die Dissipation ist im Wesentlichen für die Skalierung der Amplitude von Fluktuationen verantwortlich, was wiederum die turbulente Intensität beeinflusst. Hierfür werden zur Definition der Eigenschaften der Fluktuationen die mittleren Turbulenzgrößen der Fahrversuche aus **Tabelle 3.2** verwendet.

Neben den physikalischen Parametern haben außerdem die geometrischen Eigenschaften des diskretisierten Raums einen Einfluss auf die Topologie der berechneten Anströmung. Die von der Mann-Methode abgebildeten turbulenten Längen hängen stark vom diskretisierten Raum ab. Hierbei sind die Parameter der Diskretisierung die Abmaße $L_{D,i}$ der Domain und die Anzahl an Punkten N_i entlang der drei Raumrichtungen.

Die räumliche Ausdehnung entlang der Zeitachse $L_{D,1}$ ergibt sich aus der vom Fahrzeug erfahrenen Anströmgeschwindigkeit $\bar{v}_{Res}$ und der Simulationsdauer. Hierfür wird das Fluktuationsfeld einer frontalen Anströmung überlagert, sodass die Anströmgeschwindigkeit 27,1 m/s entspricht. Die Simulationsdauer beträgt zur Vergleichbarkeit mit dem Messzeitfenster im Fahrversuch 8 s. Letztlich wird die Diskretisierung entlang der $L_{D,1}$ Achse zur Abbildung der für die Fahrzeugaerodynamik relevanten Strömungsphänomene mit einer Nyquist-Frequenz von 100 Hz aufgelöst.

Zur Untersuchung des Einflusses der Diskretisierung auf die abgebildeten turbulenten Längen sowie zur Definition der optimalen Diskretisierungsstrategie wird eine Parameterstudie durchgeführt, bei der sowohl die Abmaße der Ebenen $L_{D,2} \times L_{D,3}$ als auch deren Punkteanzahl N_2 und N_3 variiert werden. In diesem Zusammenhang wird angenommen, dass die Punkte der Diskretisierung äquidistant verteilt sind. Ebenso werden die Größen $L_{D,1}$ und N_1 unverändert gehalten. In **Abbildung 4.6** sind die Ergebnisse einer untersuchten Variante zusammengefasst. Dabei stellt die schwarze Fläche die Nutzfahrzeuggröße zur Orientierung dar. Um die Abhängigkeit der abgebildeten turbulenten Längenmaße von der Diskretisierung abschätzen zu können, werden jeweils 100 Fluktuationsfelder mit der Mann-Methode für jede Variante berechnet. Die über die Anzahl der Berechnungen und Diskretisierungspunkte gemittelten turbulenten Längen sowie deren maximalen Werte zeigten, dass nur die Abmaße $L_{D,i}$ für die Größe der Längenskalen verantwortlich sind. Demnach müssen die Abmaße des Raums mindestens der doppelten angestrebten Längenskala entsprechen, um eine Wirbelgröße mit einer konkreten Längenskale im Raum abbilden zu können. Zudem deutet die Parameterstudie darauf hin, dass eine übermäßig grobe Auflösung $dL_{D,i}$ die Abbildung von kleinskaligen Wirbeln bzw. kleinen Skalenlängen beschränken kann. Andererseits führen hochaufgelöste Diskretisierungsstrategien zu einer Dateigröße, die Speicherprobleme beim Vorgeben der Randbedingung im Strömungslöser verursachen kann. Deshalb sollte eine Auflösung gewählt werden, die eine maximale Dateigröße von 1 GB nicht übersteigt.

Da alle durch die Mann-Methode generierten Fluktuationsfelder rein der Stochastik unterliegen, ändert sich die räumliche Verteilung der Fluktuationen in jedem Durchlauf. Es ändert sich also auch die zeitliche Topologie der berechneten Geschwindigkeiten in den einzelnen Punkten und somit auch die abgebildeten Turbulenzgrößen. Dies bedeutet, dass jedes generierte Fluktuationsfeld einzigartig ist und sich die erwarteten Turbulenzgrößen nach **Tabelle 3.2** womöglich auf einer für das Anemometer relevanten Höhe von 5,35 m nicht ergeben werden. Um dies umgehen zu können, wird die vorhandene Implementierung der Mann-Methode in MATLAB® mit einem Suchalgorithmus erweitert. Dieser berücksichtigt nur Durchläufe der Mann-Methode, die auf Anemometerhöhe zu erwartende Turbulenzgrößen abbilden. Auf diese Weise kann die Vergleichbarkeit der erzeugten Randbedingung mit der im Fahrversuch erfassten Strömungssituation gewährleistet werden.

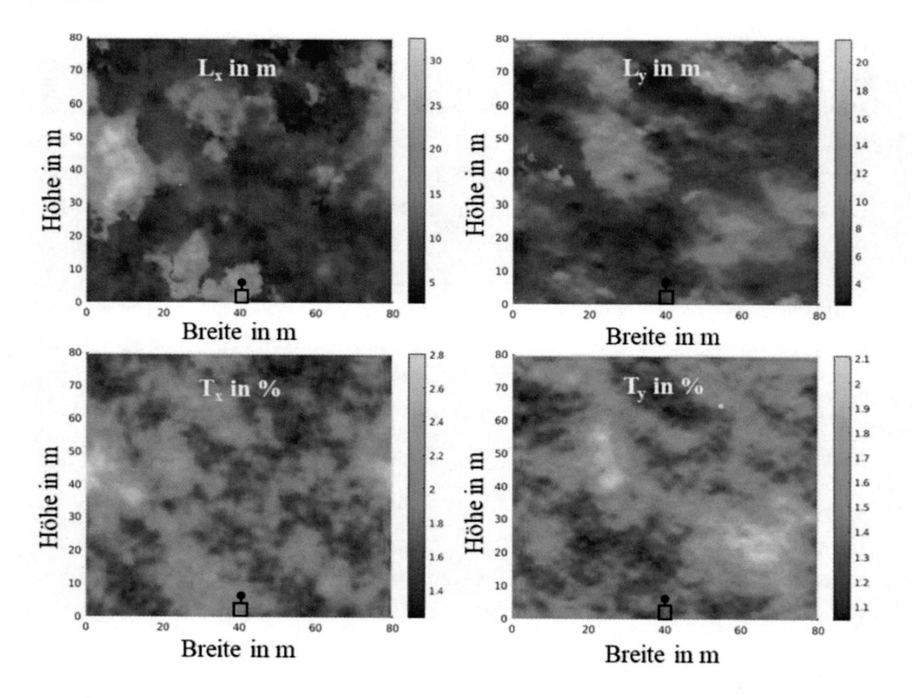

Abbildung 4.6: Längenskala und turbulente Intensität der longitudinalen (links) und lateralen (rechts) Anströmkomponenten zur Abbildung der Strömungssituation *Fahrversuch T2*

Die resultierende räumliche Verteilung der Turbulenzgrößen der Mann-Methode zur Darstellung der Strömungssituation *Fahrversuch T2* ist in **Abbildung 4.6** zu sehen. Dabei sind die Längenskala und die turbulente Intensität sowohl der longitudinalen als auch der Querkomponente der Anströmung für ein Zeitfenster von 8 s dargestellt. Aufgrund der Verwendung einer zufälligen Normalverteilung zur Berechnung der Geschwindigkeitsfluktuationen kann sich für die beiden berechneten Anströmkomponenten ein lokaler Mittelwert ungleich Null ergeben. Das bedeutet, dass das zu untersuchende Nutzfahrzeug unter Umständen eine zeitlich nicht homogene Anströmung erfahren kann. Dieser Effekt ist allerdings auch im Fahrversuch zu beobachten und hängt von der Dauer des berücksichtigten Zeitfensters ab.

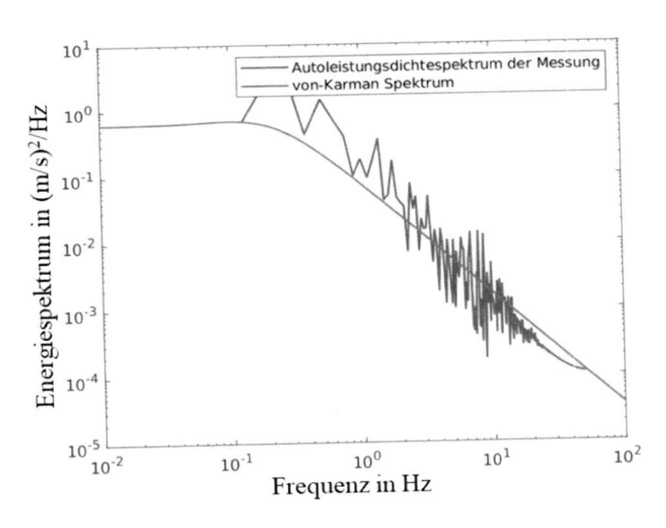

Abbildung 4.7: Autoleistungsdichtespektrum der lateralen Anströmkomponente in einem beliebigen Punkt der Diskretisierung für *Fahrversuch T2*

Die Energiespektren der obigen Geschwindigkeitsfluktuationen werden analysiert und mit den empirischen von-Kármán-Spektren nach Gl. 2.23 verglichen. Das in **Abbildung 4.7** dargestellte Autoleistungsdichtespektrum der lateralen Komponente der Geschwindigkeit weist eine gute Übereinstimmung mit dem von-Kármán-Spektrum auf. Die Analyse des Energiespektrums über den gesamten Frequenzbereich zeigt, dass eine gute Abbildung möglich ist. Bei dem ausgewählten Diskretisierungspunkt liegt der berechnete Energiegehalt der niedrigen Frequenzen leicht über dem von-Kármán Spektrum.

In Analogie zu der oben vorgestellten Erzeugung der Fluktuationsfelder wird die Strömungssituation des *Fahrversuchs T3* anhand der Mann-Methode abgebildet. Die räumliche Verteilung der Turbulenzgrößen ist in **Abbildung A.1** dargestellt.

Abbildung 4.8: Skizze der Randbedingung anhand der Mann-Methode

Die Definition der Anströmrandbedingung im Strömungslöser erfolgt durch die Überlagerung der mit der Mann-Methode erzeugten Fluktuationsfelder, wie **Abbildung 4.8** zu entnehmen ist. Dafür bietet der verwendete Strömungslöser Simulia PowerFLOW® die Möglichkeit, Geschwindigkeitsfluktuationen über eine Datei in tabellarischer Form einzulesen. Die ausgewählte Diskretisierung für die Mann-Methode muss nicht mit der Diskretisierung in der späteren Strömungssimulation übereinstimmen. Allerdings müssen die räumliche und zeitliche Diskretisierung im Strömungslöser, wie in Kapitel 2.7.2 erläutert, die Übertragung der vorgegebenen Strömungseigenschaften gewährleisten können. Deshalb werden, wie in **Abbildung 2.7** ersichtlich wird, die Verfeinerungsregionen bis zum Einlass verlängert. Die zeitliche Auflösung der Verfeinerungsregion 4, welche repräsentativ für die Anströmung des Fahrzeugs ist, beträgt 2350 Hz und ist entsprechend größer als die verwendete Frequenz der instationären Randbedingung am Einlass. Somit können die vorgegebenen turbulenten Fluktuationen zeitlich ausreichend aufgelöst werden. Ebenso erlaubt die gewählte Voxelgröße (aufgetragen in **Tabelle 2.1**) die Übertragung und Abbildung der für die Fahrzeugaerodynamik relevanten turbulenten Skalen.

4.2.3 Hybrides Verfahren

In der vorliegenden Arbeit wird unter hybridem Verfahren die Kombination von den beiden oben vorgestellten Ansätzen zur Abbildung des instationären Windverhaltens verstanden. Das Ziel dabei ist, den Einfluss der Verfahrensschwächen beider Ansätze zu minimieren. Zur Definition des hybriden Verfahrens werden die berechneten Geschwindigkeitsfluktuationen der Mann-Methode eines charakteristischen Messsignals überlagert (**Abbildung 4.9**). Auf diese Weise wird die Anströmung anhand eines charakteristischen Messsignals, welches bezüglich ihres planar behafteten Verhaltens als vereinfacht gilt, mit räumlichen Geschwindigkeitsfluktuationen versehen.

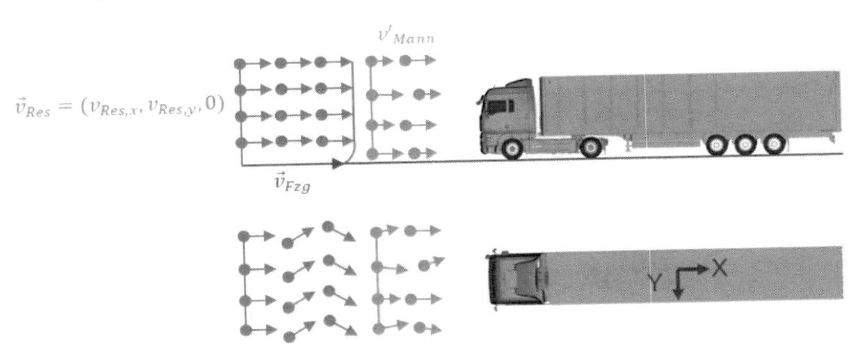

Abbildung 4.9: Skizze der Randbedingung anhand des hybriden Verfahrens

Die bereits vorhandenen einzelnen Anströmrandbedingungen werden für die jeweiligen Strömungssituationen (*Fahrversuch T2 und Fahrversuch T3*) in der Simulation kombiniert. Zur Festlegung der Randbedingung in der Simulationsumgebung wird das charakteristische Messsignal in Form eines zeitabhängigen Geschwindigkeitsvektors vorgegeben und die Fluktuationen der Mann-Methode tabellarisch eingelesen. **Abbildung 4.10** stellt die Randbedingung zur Abbildung der Strömungssituation *Fahrversuch T2* in der Strömungssimulation dar. Hier sind die zeitabhängigen Geschwindigkeitskomponenten des charakteristischen Messsignals dargestellt sowie exemplarisch die Größenordnung und zeitliche Entwicklung der Geschwindigkeitsfluktuationen an einem beliebigen Punkt abgebildet.

Die Anwendung des hybriden Verfahrens ermöglicht, eine nicht homogene und anisotrope Anströmung in der Strömungssimulation abzubilden. Dabei zeigt sich als besonders vorteilhaft, dass die vorgegebene Anströmung bekannt und analysierbar ist. Die direkte Kombination der Ansätze kann zu lokalen Überschätzungen der vorgegebenen Geschwindigkeit in der Simulationsdomain führen. Beide ursprüngliche Randbedingungen sind bekannt und dieser Effekt kann bereits vor der Simulation analysiert werden. Die anhand der beschriebenen Kombination abgebildeten Anströmungen weisen keine Erhöhung der Geschwindigkeiten auf, welche die korrekte Abbildung der Strömungssituationen verfälschen können.

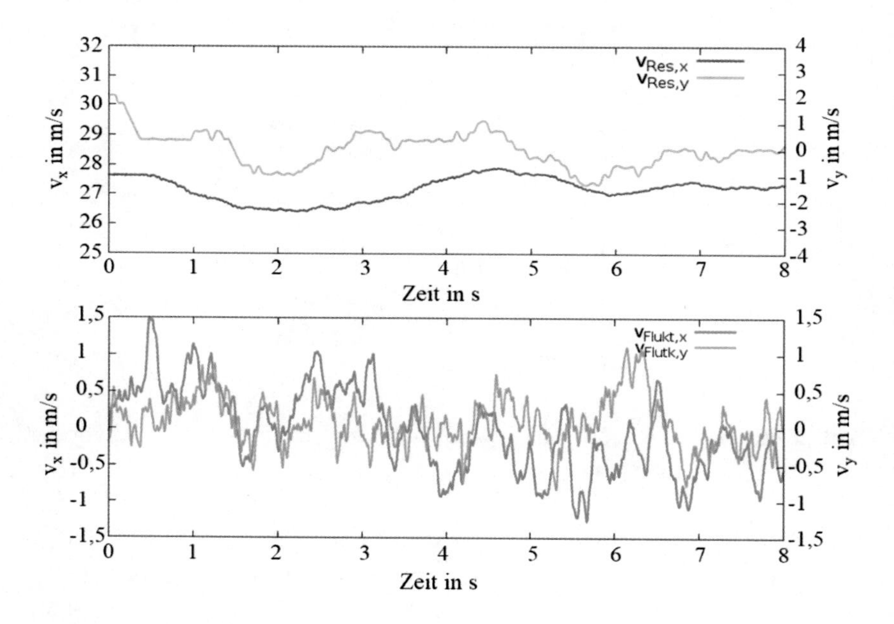

Abbildung 4.10: Hybrides Verfahren: Charakteristisches Messsignal zur Abbildung der Strömungssituation *Fahrversuch T2* (oben) und entsprechende zeitliche Entwicklung der Fluktuationen für einen beliebigen Punkt (unten)

5 Modellierung der Raddrehung

Die Darstellung rotierender Geometrien in der Strömungssimulation findet ursprünglich ihren industriellen Einsatz in der Luftfahrt- und Energietechnik. Das heißt, in den Fachbereichen, in denen Turbomaschinen eine zentrale Kernkompetenz der Produkte darstellen. Im vergangenen Jahrzehnt ist die Berücksichtigung der Radrotation in der numerischen Simulation der Fahrzeugaerodynamik in den Fokus der Entwicklungsarbeit gerückt. Dieses Kapitel fasst zunächst die möglichen numerischen Ansätze zur Behandlung rotierender Körper in der CFD zusammen. Aufbauend auf diesen Grundlagen werden Methoden zur Abbildung der Raddrehung in der Fahrzeugaerodynamik vorgestellt. Der Vollständigkeit halber wird die in dieser Arbeit verwendete Methode zur Modellierung von Nfz-Rädern dem Stand der Technik gegenübergestellt und diskutiert.

5.1 Numerische Behandlung rotierender Körper

Im Allgemeinen stellen drehende Geometrien eine transiente Strömungssituation dar. Die korrekte Abbildung eines derartigen Strömungsproblems in der numerischen Strömungssimulation hängt allerdings von der Modellierungskomplexität, der angestrebten Genauigkeit sowie der verfügbaren Rechenleistung ab. Während manche Strömungsprobleme aufgrund ihrer Schlichtheit in eine stationäre Betrachtung überführt werden können, müssen andere Ansätze auf komplexe Gitterbewegungstechniken zurückgreifen, um die zeitabhängige Natur der Strömung aufzunehmen. Dies erfordert eine erhebliche Steigerung der Rechenleistung.

Die folgenden Absätze fassen die wichtigsten numerischen Gesichtspunkte der unterschiedlichen Ansätze zur Modellierung drehender Geometrien in CFD zusammen.

C. Peiró Frasquet, *Digitale Zertifizierung der aerodynamischen Eigenschaften von schweren Nutzfahrzeugen*, Wissenschaftliche Reihe Fahrzeugtechnik Universität Stuttgart, https://doi.org/10.1007/978-3-658-46398-4_5

5.1.1 Rotation anhand Wandrandbedingungen

Auch bekannt unter der englischen Bezeichnung „rotating wall“, ermöglicht es eine Dirichlet-Randbedingung, rotierende Geometrien in der Simulation darzustellen [62]. Dafür wird eine Umfangsgeschwindigkeit an der Wand definiert. Diese ergibt sich aus dem Vektorprodukt der Winkelgeschwindigkeit $\vec{\omega}$ und dem Abstand zur Drehachse $\vec{r}$ nach Gl. 5.1 und steht als Haftbedingung für die Geschwindigkeit des Fluids an der Wand.

$$\vec{v} = \vec{\omega} \times \vec{r} \qquad \text{Gl. 5.1}$$

Dieses Verfahren verfügt über eine vergleichsweise einfache Implementierung und verursacht keinen zusätzlichen Rechenaufwand, denn alle Wände bzw. Domäneränder müssen ohnehin mit einer Randbedingung versehen werden. Zudem liefert die Modellierung der Rotation anhand der Wandrandbedingung eine korrekte Darstellung der Strömungsphysik, solange die vorgegebenen Wandgeschwindigkeitsvektoren tangential zur Wand verlaufen. Bei nicht rotationssymmetrischen Körpern ist allerdings ein unphysikalisches sowie ungültiges Verhalten dieser Wandrandbedingung zu erwarten. Der Grund dafür ist, dass das durch die Randbedingung berechnete Vektorprodukt bei Oberflächenelementen, die nicht symmetrisch zur Rotationsachse sind, eine Geschwindigkeitskomponente normal zur Wand vorgibt. Dabei bedeutet eine Vektorkomponente senkrecht zur Wand eine Verletzung sowohl der Massenerhaltungsgleichung als auch der gewünschten Undurchlässigkeit der Wände.

5.1.2 Rotation anhand lokaler Referenzkoordinatensysteme

Analog zur Abbildung der Anströmung eines Fahrzeugs im Windkanal, bei der die Luft um das stehende Fahrzeug künstlich in Bewegung gesetzt wird, modelliert die Methode der Multiple Reference Frames (MRF) die Rotation eines Körpers, indem nur dem Fluid um den Körper Rotationsmerkmale vorgegeben werden. Eine tatsächliche Drehung der Geometrie während der Simulation findet nicht statt. Stattdessen werden Zentrifugal- und Coriolisbeschleunigung als zusätzliche Volumenkräfte mithilfe einer Koordinatentransformation im rotierenden Koordinatensystem berücksichtigt. Auf diese Weise fließt die Relativbewegung zwischen inertialem und drehendem

Koordinatensystem, welche die Rotationseingenschaften der Strömung definiert, in die Transportgleichungen in Form von zusätzlichen Termen ein.

Der Ansatz der Koordinatentransformation findet ihren Ursprung in der Modellierung statischer Durchströmung von axialen Turbomaschinen [63] und kann auch mit Einschränkungen bei anderen technischen Anwendungen eingesetzt werden. Dabei soll insbesondere auf die Definition der Grenzen zwischen den Referenzkoordinatensystemen geachtet werden. Zum einen sollen diese Grenzen symmetrisch zur Rotationsachse festgelegt werden, zum anderen dürfen diese nur dort definiert werden, wo die Strömung an den Übergangsflächen ein stationäres Verhalten darstellt. Diese zweite Anforderung kann bei vielen Problemfällen meist nur bedingt erfüllt werden und limitiert entsprechend die Anwendung dieser Methode zur Behandlung rotierender Körpern in der CFD.

Ebenso wie bei dem Einsatz der Wandrandbedingung wird bei der MRF-Methode keine Gitterbewegung benötigt. Somit stellt dieser Ansatz einen vergleichsweise geringen Implementierungsaufwand und auch keine erhebliche Erhöhung der notwendigen Rechenleistung dar.

5.1.3 Gegeneinander bewegte Rechengitter

Der Ansatz der bewegten Rechengitter mit gleitenden Gitterübergängen ermöglicht eine physikalische Abbildung des Strömungsproblems, welches gegeneinander drehende Körper darstellt. Die Drehung einer Geometrie wird in der Strömungssimulation anhand der Rotation eines Teilgitters, in dem sich die genannte Geometrie befindet, abgebildet. Zwischen dem globalen statischen Gitter und dem rotierenden Teilgitter werden die berechneten Strömungsgrößen über ein rotationssymmetrisches Interface anhand Interpolation übertragen [64]. Dabei wird bei jedem Zeitschritt das Teilgitter um einen bestimmten Winkelbetrag gedreht. Die Anwendung derartiger Gitterbewegungstechniken erfordert eine inhärent transiente Behandlung der Strömungssimulation [65].

Die Sliding Mesh Methode weist eine korrekte Modellierung rotierender Geometrien in der CFD auf, allerdings bedeuten die zeitabhängige Betrachtung der Physik, die Gitterbewegung sowie die Kommunikation zwischen Gitterregionen eine deutliche Steigerung des Implementierungsaufwands und der Rechenzeiten.

5.1.4 Bewegte überlappende Rechengitter

Dieses Verfahren, auch bekannt unter den englischen Begriffen „Overlapping Grid“ oder „Chimera Method“, nutzt überlappende Rechengitter zur Diskretisierung des Strömungsfeldes. Das Gittersystem besteht aus unabhängig voneinander erstellten Teilgitter für die geometrischen Komponenten eines Strömungsproblems, die oft in ein Hintergrundgitter eingebettet sind (**Abbildung 5.1**). Auf diese Weise kann die zu untersuchende Geometrie anhand individuell angepasster Komponentengitter erstellt werden [66–68].

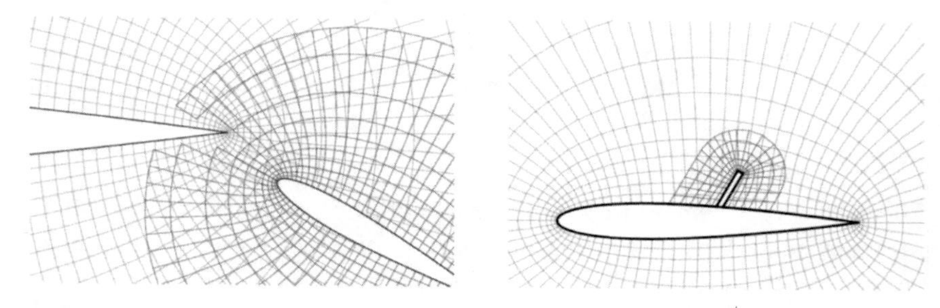

Abbildung 5.1: Anwendungsbeispiele blockstrukturierter überlappender Gitter [69], links: Detailansicht überlappender Gitter, rechts: Strömungsproblem anhand unabhängig voneinander vernetzter Komponenten

Bei der Anwendung des Verfahrens der überlappenden Gitter erfolgt die Interaktion zwischen Komponentengittern durch die Festlegung von Gitterregionen und Zelleigenschaften. Dadurch werden die Zellen der sich überlappenden Gitter, die im Innern eines Körpers liegen und sich entsprechend nicht im Strömungsfeld befinden, während der Simulation deaktiviert. Zudem erfolgt der Datenaustausch zwischen den Rechengittern im Laufe der Simulation mithilfe von Interpolationstechniken. Dabei werden die Strömungsgrößen über vordefinierte Spender- und Empfängerzelle aus den jeweiligen Rechengittern anhand Interpolation übertragen, wie in der **Abbildung 5.2** veranschaulicht wird.

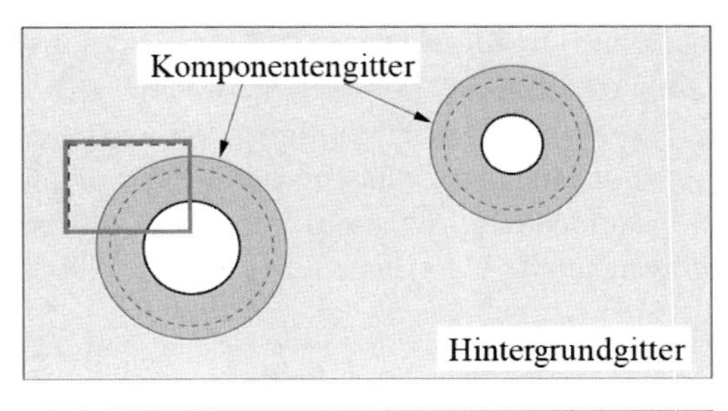

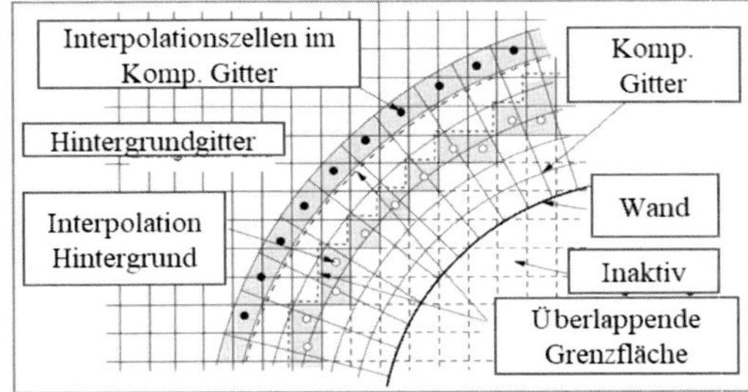

Abbildung 5.2: Beispiel überlappender Gitter nach [70] mit Übersetzung des Autors, oben: Gittersystem mit Hintergrundgitter, unten: Detailansicht überlappender Gitter mit Bezeichnungen der Zelleigenschaften

Durch die Verwendung überlappender Gitter wird der Gittergenerierungsprozess deutlich vereinfacht. Die Rechengitter komplexer Geometrien lassen sich hochqualitativ und effizient generieren, indem die Komponentengitter getrennt voneinander optimal vernetzt werden können. Ebenso können bereits vorhandene Gitter durch nachträglich angebrachte Komponentengitter erweitert werden.

Ein weiterer Vorteil der überlappenden Gittersysteme ist die Ermöglichung einer beliebigen Bewegung mehrerer Körper relativ zueinander. Die Rotation und die großräumige Bewegung von Körpern können im Vergleich zu anderen Gitterbewegungstechniken flexibler gestaltet werden. Zudem erlauben die hochwertigen Rechengitter dieses Verfahren eine realitätsgetreue Abbildung der Bewegung und Rotation in der CFD.

Zu dem erheblichen Potenzial zur Darstellung rotierender Körper in der Strömungssimulation bringt dieses Verfahren auch einen vergleichbaren hohen Implementierungs- und Rechenaufwand mit sich. Sowohl die erforderliche Methode zur Ausblendung von Zellen, welche sich innerhalb eines Körpers befinden, als auch die Suchalgorithmen zur Festlegung der Spenderzellen bedeuten eine zusätzliche Erhöhung der Rechenzeiten. Diese werden insbesondere bei instationären Simulationen zu einem repräsentativen Nachteil, da die obengenannten Algorithmen bei jedem Zeitschritt aufgeführt werden müssen.

5.1.5 Bewegte eingetauchte Randbedingungen

Zusätzlich zu den obengenannten Verfahren zur Abbildung der Körperrotation in der CFD, welche auf geometrieangepasste Rechengitter basieren, existiert die sogenannte Immersed Boundary Methode (IBM). Diese Methode beruht auf einem Hintergrundgitter, welches zur Diskretisierung der zu lösenden Transportgleichungen herangezogen wird. Zur Definition des Strömungsproblems werden die Geometrien in das Hintergrundgitter eingetaucht. An den Stellen, an denen sich die Geometrieränder befinden, wird die Auflösung des Hintergrundgitters erhöht, um die eingetauchte Oberfläche besser zu erfassen und die eigentlichen Randbedingungen festgesetzt. Dabei handelt es sich um die wichtigste Eigenschaft dieser Methode, welche die Randbedingungen an der Position der eingetauchten Geometrie erfüllt. Die Berechnung der Strömungslösung wird dabei allein auf dem Hintergrundgitter durchgeführt wird [71–74].

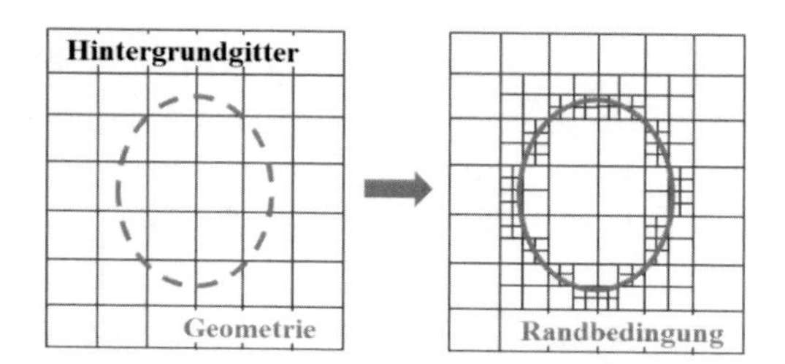

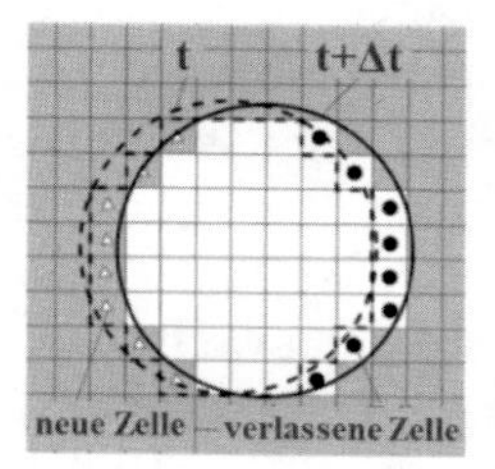

Abbildung 5.3: Funktionsprinzipien der Immersed Boundary Method, links: Definition der eingetauchten Randbedingungen eines Ellipsoids, rechts: Detailansicht einer Geometriebewegung mit der IBM [75]

Die Erhöhung der räumlichen Auflösung, die Realisierung der Randbedingungen sowie die Definition der Fluid-Solid-Bereiche werden in der Methode der eingetauchten Randbedingungen so implementiert, dass diese Prozesse automatisch durchgeführt werden. Aus diesem Grund lassen sich durch Änderungen der Oberflächenposition bewegte Geometrien einfach modellieren.

Die IBM stellt eine flexible und einfache Methode zur Abbildung der Translation und Rotation von Körpern in der CFD dar, welche auch eine moderate Rechenkapazität beansprucht. Allerdings kann aufgrund der angewandten Herangehensweise ohne körperangepasste Diskretisierung nicht gewährleistet werden, dass die Topologie der eingetauchten Geometrie mit den Punkten des Rechengitters übereinstimmt. Dieser Mangel hat einen negativen Einfluss auf die Konservativität und Fehlerordnung des Verfahrens und führt zu Einschränkungen des Einsatzes dieser Methode.

5.2 Ansatz zur Modellierung von Nfz-Rädern

Eine realitätsgetreue und effiziente Darstellung drehender Räder in der numerischen Strömungssimulation erfordert die Berücksichtigung von Aspekten verschiedener Natur. Zunächst sollen konstruktive und topologische Merkmale des Rades in Betracht gezogen werden, welche das Rad-Radhaus System charakterisieren. Hierbei spielen der Detaillierungsgrad der Felgenform, die Darstellung der Reifenprofilierung und des Reifenlatschs hinsichtlich der Qualität der Ergebnisse eine wesentliche Rolle. Zudem haben die Strömungsverhältnisse um das Rad eine hohe Komplexität. Die numerisch korrekte Abbildung der Wirbelstrukturen in Zusammenhang mit der Radhausströmung und der Radumströmung beeinflusst die zu untersuchenden Effekte stark. Dabei sind die Anforderungen an die Modellierung entscheidend, um bestimmte Strömungsphänomene untersuchen und bewerten zu können. Während sich eine Untersuchung der allgemeinen Strömungstopologie um das Rad anhand vereinfachter Geometrien und Randbedingungen durchführen lässt, erfordert die Bestimmung des Ventilationsmoments eines Rads in der CFD beispielweise eine genaue Darstellung des Rads sowie eine realitätsnahe und zeitabhängige Modellierung der Drehung.

Die Abbildung der Raddrehung von Nfz-Rädern in der numerischen Strömungssimulation gestaltet sich im Prinzip ebenso wie die von Pkw-Rädern. Allerdings werden Nfz-Rädern aufgrund ihrer dominierend geschlossenen Felgentopologie in der herkömmlichen Behandlung anhand vereinfachten

Randbedingungen modelliert, was eine unzureichende Darstellung der Strömungstopologie zur Folge hat. Dies verhindert zudem die Bestimmung des Ventilationsmoments in der Strömngssimulation.

In den folgenden Absätzen wird, aus der Perspektive der Modellierung der Raddrehung, auf die oben vorgestellten Ansätze eingegangen, um eine klare Abgrenzung zwischen den Eigenschaften der Methoden zu erläutern. Anschließend werden die im Rahmen dieser Arbeit verwendete Behandlung der Nfz-Räder in der numerischen Strömungssimulation definiert.

Der Einsatz der *Wandrandbedingung* zur Abbildung der Radrotation eignet sich ausschließlich für die geometrischen Bereiche des Rads, bei denen sich der vorgegebene Wandgeschwindigkeitsvektor tangential zur Wand befindet. Damiani et al. [76] zeigen, dass die Modellierung anhand der *Wandrandbedingung* bei stark vereinfachten und rotationssymmetrischen Radgeometrien physikalische Ergebnisse liefert, ohne einen zusätzlichen Rechenaufwand zu beanspruchen. Derartige vereinfachte Geometrien dienen nur Forschungs- und Validierungszwecken und ermöglichen keine Aussage bezüglich des aerodynamischen Verhaltens von realen Radkonfigurationen.

Die *Methode der lokalen Referenzkoordinatensysteme (MRF)* bietet die Möglichkeit, die Dreheigenschaften der nicht rotationssymmetrischen Bereiche des Rads wie z.B. Felgen in der Strömungssimulation darzustellen. Die Festlegung der Grenzen zwischen dem rotierend radfesten und dem stehenden fahrzeugfesten Referenzkoordinatensystem gestaltet sich aufgrund des nicht homogenen Strömungsverhaltens um die Felge besonders komplex. Deswegen ist diese Methode nur eingeschränkt für den Einsatz an Felgen gültig [77]. Ein zusätzlicher Nachteil dieses Verfahrens ist, dass während der Simulation keine tatsächliche Rotation der Geometrie stattfindet, d.h. die Position der Speichen oder Felgenbauelemente sich nicht ändert. Diese Tatsache verhindert beispielsweise eine ausführliche Untersuchung der am Rad agierenden zeitabhängigen Kräfte.

Die Behandlung der Raddrehung mithilfe von Gitterbewegungstechniken ermöglicht eine uneingeschränkte Modellierung von komplexen Radtopologien. Der Ansatz der *gegeneinander bewegten Gitter* oder *sliding meshes* eignet sich für die Darstellung der Felgenrotation und wird entsprechend intensiv bei der Strömungssimulation von Pkw-Rädern verwendet [78–80]. Das Verfahren der *überlappenden Gitter* erlaubt hingegen die Modellierung der Rotation des vollständigen Rads. Auf diese Weise können Bereifungen mit profilierten Laufflächen sowie der Latschbereich, bzw. die Interaktion der Bereifung mit Fahrbahn abgebildet werden. Um dies zu ermöglichen, ist die Implementierung einer Wand-Wand-Interaktionsfunktion notwendig, welche das Durchdringen der Randbedingungen des Reifens und des Bodens physikalisch modelliert [81].

Die *Immersed Boundary* Methode, welche auch auf Gitterbewegungstechniken basiert, wird im Rahmen numerischer Untersuchungen der Radaerodynamik bei vereinfachten Radgeometrien verwendet [76]. Trotz der genannten Nachteile bietet diese Methode ein großes Potenzial zur Modellierung von drehenden Rädern bei einer moderaten Anforderung an Rechenleistung. Aus diesem Grund steht dieser Ansatz im Fokus dieser Arbeit zur Abbildung der Radprofilierung.

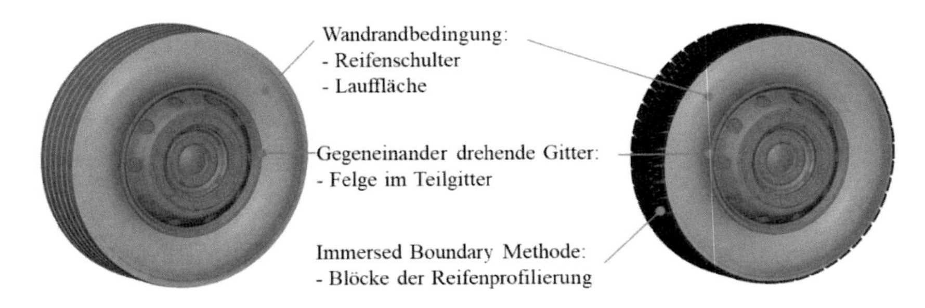

Abbildung 5.4: Behandlung der Raddrehung von Nfz-Rädern in CFD, links: Reifen mit Längsrillen, rechts: Profilierte Bereifung.

Die Methode zur Darstellung der Raddrehung von Nfz-Rädern wird im Rahmen dieser Arbeit so definiert, dass die unterschiedlichen Bereiche des Rads mit den jeweiligen Methoden abgebildet werden, welche die bestmögliche Genauigkeit erreichen sowie die gesamte Rechenleistung minimieren. Somit lässt sich die Modellierung von Nfz-Rädern aus einer Kombination von *Wandrandbedingungen* mit vorgegebener Tangentialgeschwindigkeit für die rotationssymmetrischen Bereiche des Rads, *gegeneinander bewegten Gittern* zur Darstellung der Felge und *Immersed Boundary* Methode für die Blöcke der profilierten Reifen besteht (**Abbildung 5.4**). Der Strömungslöser PowerFLOW erlaubt die simultane Anwendung und Kombination der oben genannten Methoden. Dafür wird geometrisch vorgegeben mit welcher Methode der jeweilige Radbereich modelliert wird.

Mit der angewandten Kombination von Methoden zur Raddrehung kann mit der Strömungssimulation sowohl der aerodynamische Einfluss der Raddrehung als auch der Einfluss der Felgen- und Bereifungsgeometrie abgebildet werden. Diese Vorgehensweise zur Simulation drehender Räder ist damit auch ideal geeignet für die Untersuchung der zeitabhängigen, aerodynamischen Kräfte durchströmter Räder im Radhaus.

6 Untersuchung des Einflusses der instationären Anströmung

In diesem Kapitel werden die unterschiedlichen Verfahren zur Modellierung der Windverhältnisse in der Strömungssimulation und deren Einfluss auf die Aerodynamik eines Nutzfahrzeugs untersucht. Hierbei sollen die verschiedenen im Fahrversuch charakterisierten Strömungssituationen aus Kapitel 3.3.1 abgebildet werden. Als Untersuchungsobjekt dient wieder die bereits referenzierte Sattelzugkonfiguration bestehend aus einer Zugmaschine Modell TGA 18.480 des Herstellers MAN Truck&Bus und einem Krone 3-Achs-Sattelauflieger mit Kofferaufbau des Typs Dry Liner [3, 82]. Zunächst werden die Ergebnisse aus den numerischen Strömungssimulationen mit stationärer Schräganströmung analysiert. Anschließend werden zur Bewertung der Abbildung von Windverhältnissen in der Strömungssimulation die Ergebnisse der Simulationen mit instationärer Anströmung den Beiwerten aus dem Fahrversuch gegenübergestellt. Hierfür werden die Versuchsergebnisse berücksichtigt, welche die MAN Truck&Bus mit demselben Prüffahrzeug über das Jahr 2015 verteilt durchführte. Diese Ergebnisse liefern relevante Informationen über die Streuung der ermittelten Luftwiderstandsbeiwerte, welche auf die Versuchsbedingungen und die Windverhältnisse auf dem Prüfgelände Dekra Test Oval in Klettwitz zurückzuführen sind [3].

6.1 Stationäre Windverhältnisse

Eine vereinfachte Modellierung der Windverhältnisse in der Strömungssimulation erfolgt durch die Abbildung stationärer Schräganströmungen. Dabei wird angenommen, dass die seitliche Komponente der Anströmung die Windverhältnisse charakterisiert und zeitlich konstant ist. Zur Beurteilung des Einflusses der Schräganströmung auf die Aerodynamik des Nutzfahrzeugs werden zunächst die Luftwiderstandsbeiwerte $A_x \cdot c_W$ des Gesamtfahrzeugs unter verschiedenen seitlichen Anströmungen analysiert. Hierfür werden die im Kapitel 4.1 definierten Randbedingungen zur Abbildung der Strömungssituation in der Strömungssimulation vorgegeben. Die transiente Natur der Umströmung des Nutzfahrzeugs, welche durch Ablösungen und den charakteristischen Nachlauf der Vollheckform dominiert wird, ist dafür

C. Peiró Frasquet, *Digitale Zertifizierung der aerodynamischen Eigenschaften von schweren Nutzfahrzeugen*, Wissenschaftliche Reihe Fahrzeugtechnik Universität Stuttgart, https://doi.org/10.1007/978-3-658-46398-4_6

verantwortlich, dass der Luftwiderstandsbeiwert trotz der zeitlich konstanten Anströmung nicht auf einem bestimmten Wert konvergiert. Aus diesem Grund muss die Bestimmung des Luftwiderstandsbeiwerts anhand einer zeitlichen Mittelung der vom Fahrzeug erfahrenen aerodynamischen Kräfte erfolgen. Das Mittelungsintervall wird in Abhängigkeit der Standardabweichung des Luftwiderstandsbeiwerts definiert und beträgt 4 s Simulationszeit.

Abbildung 6.1 stellt die numerisch berechneten Luftwiderstandsbeiwerte unter stationärer Schräganströmung den jeweiligen Werten aus dem Fahrversuch gegenüber. Dabei werden zur besseren Vergleichbarkeit der Ergebnisse die aufgeführten Werte mit dem Luftwiderstandsbeiwert des IPW-Fahrversuchs $A_x \cdot c_{W,Ref}$ normiert. Zuletzt werden zur Darstellung der Streubreite der Fahrversuchsergebnisse die von der MAN Truck&Bus ermittelten Grenzwerte des Luftwiderstandsbeiwerts dargestellt.

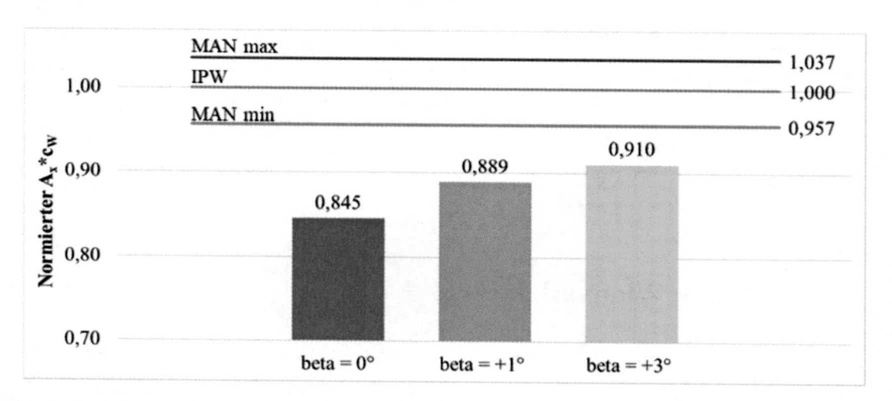

Abbildung 6.1: Stationäre Schräganströmung: Normierte Luftwiderstandsbeiwerte

Es zeigt sich, dass bei der Abbildung einer idealen frontalen Anströmung ($\beta = 0°$) in der Strömungssimulation die Abweichung des Luftwiderstandsbeiwerts zum Fahrversuch 15,4 % beträgt. Durch die Zunahme der Schräganströmung steigt der numerisch berechnete Luftwiderstandsbeiwert. Der Einfluss einer stationären Schräganströmung mit einem konstanten Anströmwinkel $\beta = 3°$ bedeutet eine Steigerung des Beiwerts um 7,6 % im Vergleich zur frontalen Anströmung.

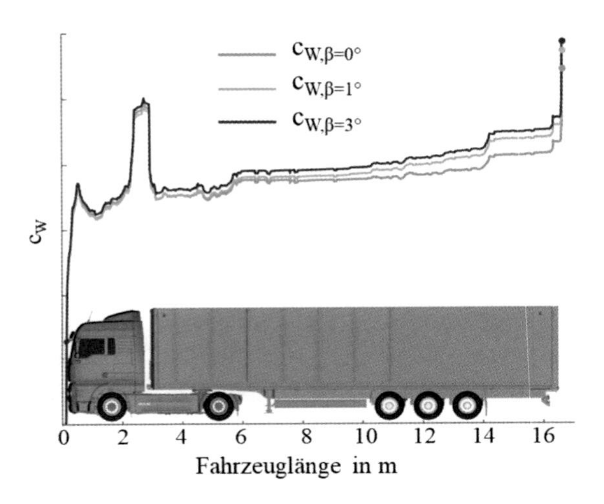

Abbildung 6.2: Stationäre Schräganströmung: Luftwiderstandsbeiwert über der Längsachse

Die Darstellung des Luftwiderstands entlang der Fahrzeuglängsachse (**Abbildung 6.2**) ermöglicht es, die Identifizierung der aerodynamischen Beiträge mit einem höheren Detaillierungsgrad zu analysieren. Der Beiwert $c_W(x)$ stellt den kumulierten Widerstand an der jeweiligen x-Position dar und wird nach Gl. 6.1 berechnet. Dabei erreicht $c'_W(x)$ für $x = L$ den Gesamtwiderstandsbeiwert c_W.

$$c_W = \int_0^x c'_W(x)\,\mathrm{dx} \qquad \text{Gl. 6.1}$$

Die in **Abbildung 6.2** dargestellten $c_W(x)$-Verläufe lassen zunächst feststellen, dass die Entwicklung der Beiwerte unter verschiedener stationärer Schräganströmung die gleichen topologischen Merkmale aufweist. Die ähnliche Steigerung des Luftwiderstandsbeiwerts an der Fahrerhausfront deutet daraufhin, dass vergleichbare Druckverhältnisse am Staupunkt herrschen. Der weitere $c_W(x)$-Verlauf im Zugmaschinenbereich zeigt ein strömungsgünstiges Verhalten der Kabine sowie der Durchströmung des Freiraums bei $\beta = 1°$ Schräganströmung. Die Steigerung des Luftwiderstands aufgrund der seitlichen Anströmung findet überwiegend im Aufliegerbereich statt. Dort ist die Topologie des $c_W(x)$-Verlaufs hauptsächlich durch die Umströmung des Unterbodens beeinflusst und stark von der Schräganströmung abhängig. Schlussendlich führt das Abreißen der Strömung am Fahrzeugheck zu einer finalen Erhöhung des Widerstandsbeiwerts, welche in Abhängigkeit des Anströmwinkels β moderat zunimmt.

Die Modellierung von Windverhältnissen anhand der stationären Schräganströmung bedeutet eine Steigerung des Luftwiderstandsbeiwerts um ca. 5,2 % bei $\beta = 1°$ und 7,6 % bei $\beta = 3°$ im Vergleich zu einer idealen Frontalanströmung. Diese Werte stellen trotzdem eine signifikante Abweichung zu dem anhand des Fahrversuchs ermittelten Beiwert dar. Die analysierte Entwicklung des Luftwiderstands weist eine eindeutige Tendenz des Einflusses der seitlichen Anströmung und entsprechend der dafür verantwortlichen Entstehungsmechanismen auf. Allerdings zeigt sich, dass die vom Nutzfahrzeug erfahrene Anströmung, wie in Kapitel 3.3 analysiert wurde, kein stationäres Verhalten darstellt und dass die im Fahrversuch erfassten durchschnittlichen Werte des Anströmwinkels β deutlich niedriger als die numerisch berechneten waren. Somit ist die Abbildung von Windverhältnissen in der Strömungssimulation anhand stationärer Seitenwindbedingungen nur begrenzt zielführend.

6.2 Instationäre Windverhältnisse

Die Modellierung der natürlichen Windverhältnisse in der Strömungssimulation anhand einer instationären Anströmung ist mithilfe der bereits vorgestellten Anströmverfahren möglich. Grundlegend bedeutet die Berücksichtigung des zeitabhängigen Verhaltens der Anströmung eine Erhöhung des energetischen Zustands der Strömung, die das Fahrzeug in Form von zeitlich und räumlich variierenden Geschwindigkeiten erfahren wird. Das heißt, dass im Unterschied zum stationären Ansatz kein eindeutiger kausaler Zusammenhang zwischen der Anströmung und der Entstehung des Luftwiderstands entsteht. Im Folgenden werden die Ergebnisse der numerischen Strömungssimulationen zur Abbildung instationärer Windverhältnisse vorgestellt und eingehend analysiert. Zur besseren Lesbarkeit der dargestellten Ergebnisse werden die Untersuchungen anhand charakteristischer Messsignale „inst“ genannt. Als „MM“ werden die numerischen Untersuchungen bezeichnet, bei welchen die Mann-Methode zur Erzeugung der Einlassrandbedingung verwendet wird. Analog wird mit „KMB“ auf die Anwendung des hybriden Verfahrens verwiesen.

6.2.1 Luftwiderstandsbeiwerte

Die Analyse der Luftwiderstandsbeiwerte des Gesamtfahrzeugs $A_x \cdot c_W$ verschafft einen Überblick des Einflusses sowie des Potenzials und der Prognosegüte der Ansätze zur Modellierung der instationären Windverhältnisse in der Strömungssimulation. Die $A_x \cdot c_W$-Werte werden aufgrund ihrer zeitabhängigen Entwicklung, welche die instationäre Natur der vorgegebenen Anströmung zur Folge hat, zeitlich gemittelt. Die Mittelung erfolgt, wie im Kapitel 4.2, konsistent mit der Zeitfensterdauer der vorgegebenen Anströmrandbedingung von 8 s.

Die numerisch gewonnenen $A_x \cdot c_W$-Werte sind in **Abbildung 6.3** zusammengefasst und den Beiwerten aus dem Fahrversuch gegenübergestellt. In Anlehnung an **Abbildung 6.2** sind die dargestellten Werte zur besseren Vergleichbarkeit mit dem Luftwiderstandsbeiwert des IPW-Fahrversuchs $A_x \cdot c_{W,Ref}$ normiert. Die bereits vorliegenden Ergebnisse der stationären Anströmung ($\beta = 0°, \beta = 1°, \beta = 3°$) werden um die Ergebnisse der Ansätze zur Abbildung der instationären Windverhältnisse (inst, MM, KMB) erweitert. Die jeweiligen instationären Ansätze werden unter den Strömungssituationen *Fahrversuch T2* und *Fahrversuch T3* aus Kapitel 3.3 untersucht. Diese werden dementsprechend mit den Endungen T2 und T3 gekennzeichnet.

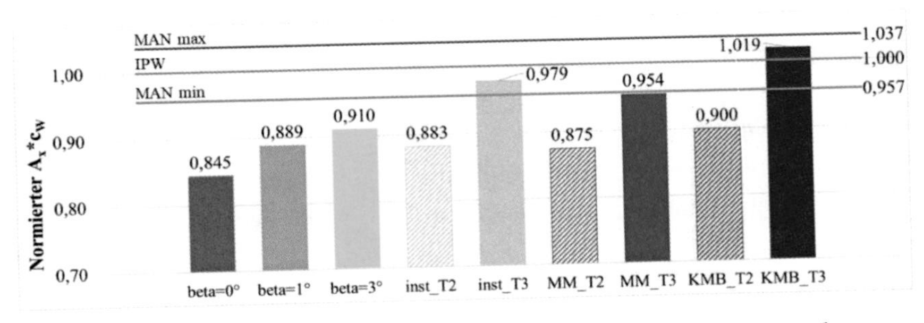

Abbildung 6.3: Instationäre Anströmung: Normierte Luftwiderstandsbeiwerte

Es zeigt sich, dass die Untersuchungen mit den unterschiedlichen instationären Anströmrandbedingungen ein ähnliches Verhalten hinsichtlich der absoluten Luftwiderstandsbeiwerte sowie bei der Abbildung der zwei Strömungssituationen zeigen. Zum einen sind die $A_x \cdot c_W$-Werte der instationären Ansätze bei der Abbildung der Strömungssituation *Fahrversuch T2* vergleichbar mit denen von der stationären Schräganströmung $\beta = 1°$, zum anderen befinden sich die $A_x \cdot c_W$-Werte zur Abbildung der Strömungssituation *Fahrversuch T3* innerhalb der Streubreite der Fahrversuchsergebnisse.

Die Modellierung der instationären Anströmsituationen anhand charakteristischer Messsignale aus dem Fahrversuch sind in **Abbildung 6.3** als *inst_T2* und *inst_T3* bezeichnet. Die dabei berechneten $A_x \cdot c_W$-Werte deuten darauf hin, dass die Abbildung instationärer Anströmungen einen erheblichen Einfluss auf die Aerodynamik des Nutzfahrzeugs hat. Hierbei weist die Anströmsituation *inst_T2* einen um 4,5 % höheren $A_x \cdot c_W$-Wert als bei einer idealen Frontalanströmung ($\beta = 0°$) auf. Ebenso bewirken die Strömungsverhältnisse von *inst_T3* nur noch eine geringe Abweichung zum Fahrversuchsergebnis, welche lediglich 2,1 % beträgt.

Die Ergebnisse der angewendeten Fluktuationsfelder der Mann-Methode (*MM*) sind nahezu vergleichbar mit denen von den Untersuchungen des charakteristischen Messsignals (*inst*). In diesem Zusammenhang weisen die Ergebnisse der Mann-Methode bei der Abbildung der Strömungssituation *Fahrversuch T2* beispielsweise einen vergleichbaren $A_x \cdot c_W$-Wert wie eine stationäre Schräganströmung $\beta = 1°$ und *inst_T2* auf. Die Abweichung zum *Fahrversuch T3* beträgt für die Mann-Methode 4,6 %.

Die kleinste Abweichung der berechneten Luftwiderstandsbeiwerte zum Fahrversuchsergebnis ergibt sich bei der Anwendung des hybriden Verfahrens (*KMB_T2* und *KMB_T3*). Hier weist die Kombination der Ansätze einen Luftwiderstand bei der Abbildung der Strömungssituation *Fahrversuch T2* vergleichbar mit einer stationären Schräganströmung $\beta = 3°$ auf und der $A_x \cdot c_W$-Wert der Untersuchung *KMB_T3* übersteigt den im IPW Fahrversuch ermittelten Luftwiderstand um circa 2 %.

6.2.2 Zeitliche Entwicklung der aerodynamischen Kräfte

Die Analyse der Entwicklung der aerodynamischen Kräfte unter einer instationären Anströmung liefert grundlegende Kenntnisse über die zeitabhängige Auswirkung am Nutzfahrzeug und das Übertragungsverhalten. Im Folgenden werden die am Fahrzeug wirkenden Kräfte den vorgegebenen Anströmrandbedingungen gegenübergestellt.

Eine eindeutige Korrelation zwischen der Anströmung und der zeitlichen Entwicklung der aerodynamischen Kräfte am Fahrzeug ist in manchen der untersuchten Szenarien schwer festzustellen. Dieses Verhalten des Luftwiderstands in den durchgeführten Untersuchungen kann auf zwei Ursachen zurückgeführt werden. Die erste Ursache ist die stark variierende Strömungstopologie an den luftwiderstandserzeugenden Bereichen des Fahrzeugs. Zusätzlich zur Komplexität der Um- und Durchströmung eines Nutzfahrzeugs, verursacht ein beliebiges Strömungsereignis einer instationären Anströmung eine zeitlich versetzte und lokal unterschiedliche Fahrzeugreaktion. Hierbei muss berücksichtigt werden, dass die Nutzfahrzeuglänge 16,5 m beträgt und dementsprechend eine einheitliche aerodynamische Reaktion des Fahrzeugs auf eine Strömungsanregung nicht zu erwarten ist. Die zweite Ursache stellt der Ansatz zur Modellierung der instationären Anströmung dar. Dies ist insbesondere bei Anströmungen, die ausschließlich auf Fluktuationsfeldern basieren, zu erkennen. Grund dafür ist die räumliche Fluktuation der Geschwindigkeit, sodass die an einem konkreten Punkt der Einlassbedingung vorgegebene Geschwindigkeit die vom Fahrzeug tatsächlich erfahrene Anströmung nicht repräsentativ genug darstellt. Dementsprechend können unter Umständen die Auswirkungen am Fahrzeug nicht direkt bzw. kausal mit der Anströmung in Zusammenhang gebracht werden.

Zur Analyse der zeitlichen Entwicklung des Luftwiderstands und der Zusammenhänge mit der vorgegebenen Anströmung wird in Anlehnung zum Fahrversuch die Geschwindigkeit 1,35 m über der Oberkante der Aufliegerstirnfläche erfasst und als Referenz für die Entwicklung der Kräfte betrachtet. Dies ermöglicht zum einen den nachträglichen Vergleich mit den vom Anemometer im Fahrversuch aufgenommenen Geschwindigkeiten, zum anderen lässt sich der sogenannte Fahrzeugeinfluss auf den aufgenommenen Messwert quantifizieren. Der Fahrzeugeinfluss, das heißt, die Beschleunigung der Strömung aufgrund der Verdrängung des Fahrzeugs, welche auf Anemometerhöhe zu erwarten ist, wird in [82] ausführlich beschrieben.

Abbildung 6.4 und **Abbildung A.2** stellen das Gesamtbild der am Fahrzeug agierenden aerodynamischen Kräfte jeweils für die Abbildung der Strömungssituationen *Fahrversuch T2* und *Fahrversuch T3* dar. Dabei wird der Modellierungsansatz der charakteristischen Messsignale aus dem Fahrversuch (*inst_T2* und *inst_T3*) verwendet. Durch die Modellierung der instationären Anströmung erfährt das Nutzfahrzeug eine zeitabhängige, aber homogene Geschwindigkeitsverteilung über den gesamten Querschnitt. Die Auswirkung der tieffrequenten Anteile der Anströmung kann an dem Verlauf des Luftwiderstandsbeiwerts erkannt werden. Dabei zeigt sich, dass die Änderung der Querkomponente der Anströmung einen dominierenden Einfluss auf die Entwicklung des Luftwiderstands hat. Zudem deutet die Streuung des Luftwiderstands über die Zeit der modellierten Strömungssituationen darauf hin, dass das Fahrzeug sensitiv auf die vorgegebenen instationären Randbedingungen reagiert und somit den Einfluss der Anströmsituation konsistent abbildet.

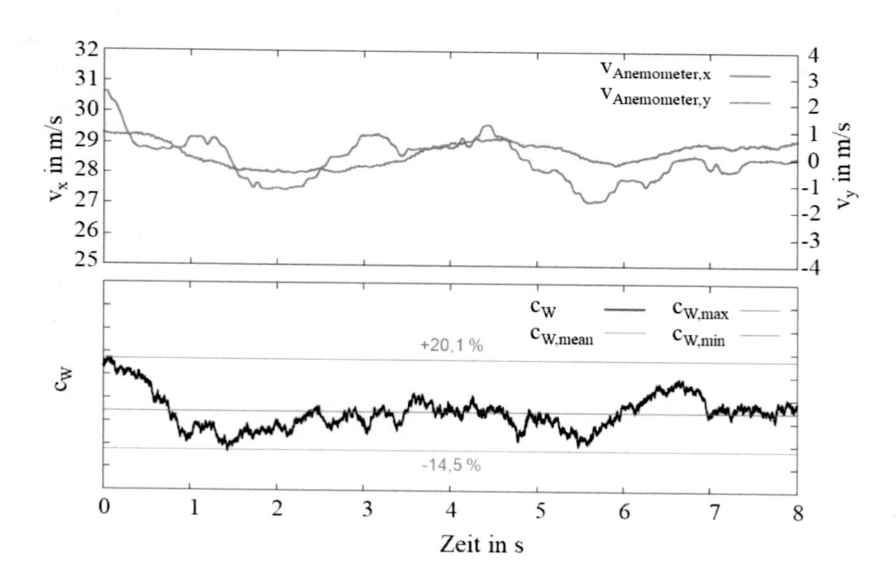

Abbildung 6.4: Charakteristisches Messsignal *inst_T2*: Zeitliche Entwicklung des Luftwiderstandsbeiwerts und der Geschwindigkeit am virtuellen Anemometer

Analog zur obigen Analyse des Luftwiderstands werden die Ergebnisse der mit der Mann-Methode modellierten instationären Anströmungen in **Abbildung 6.5** und **Abbildung A.3** dargestellt. Es zeigt sich, dass im Vergleich zu der Anströmung des charakteristischen Messsignals (*inst_T2, inst_T3*) die erfassten Geschwindigkeiten der numerischen Untersuchungen mit der Mann-Methode (*MM_T2* und *MM_T3*) ausgeprägte hochfrequente Strömungsanteile aufweisen. Aus dem Grund, dass die vorgegebenen Geschwindigkeiten den räumlichen Fluktuationen unterliegen, fällt es zudem schwer, einen direkten Zusammenhang zwischen den auf Anemometerhöhe aufgenommenen Geschwindigkeiten und den aerodynamischen Kräften festzustellen. Dies kann insbesondere bei der Darstellung der Strömungssituation *Fahrversuch T2* in **Abbildung 6.5** erkannt werden. Letztlich weist die Mann-Methode trotz vergleichbarer durchschnittlicher Luftwiderstandsbeiwerte eine geringere Streuung über die Zeit auf als die Untersuchungen mit dem charakteristischen Messsignal.

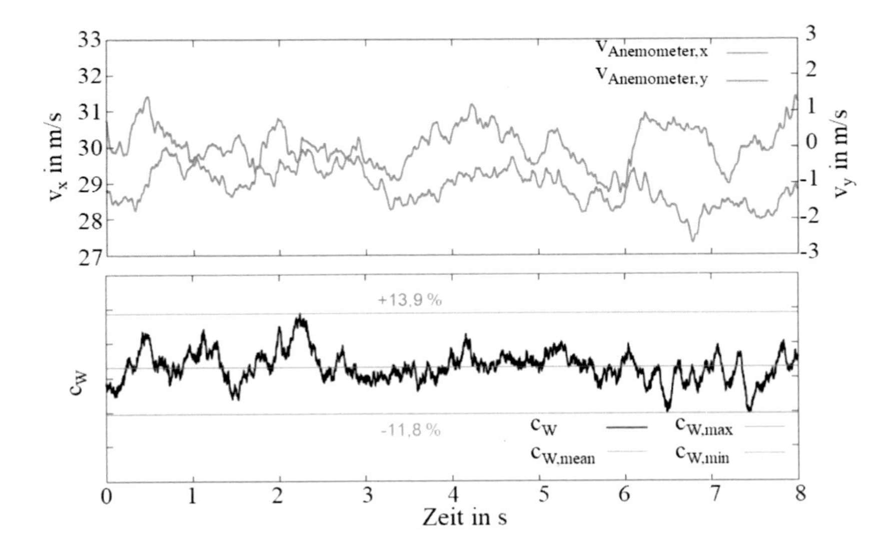

Abbildung 6.5: Mann-Methode *MM_T2*: Zeitliche Entwicklung des Luftwiderstandsbeiwerts und der Geschwindigkeit am virtuellen Anemometer

Die untersuchten Anströmverfahren zeigen, dass sowohl die Anwendung eines charakteristischen Messsignals (*inst*) als auch die Modellierung von Fluktuationsfeldern (*MM*) einen erheblichen Einfluss auf den durchschnittlichen Luftwiderstandsbeiwert und auf dessen zeitliche Entwicklung haben. Beide Ansätze tragen dazu bei, eine Erhöhung des energetischen Zustands der vom Fahrzeug erfahrenen Anströmung in der Strömungssimulation zu modellieren. Wie aus **Abbildung 6.3** entnommen werden kann, ist die durchschnittliche Zunahme des Luftwiderstandsbeiwerts bei den Untersuchungen *inst_T2* und *MM_T2* vergleichbar. Dies wird allerdings durch zwei unterschiedlich vorgegebene Anströmtopologien verursacht, wie in **Abbildung 6.4** und **Abbildung 6.5** dargestellt. Hierbei stellt das charakteristische Messsignal eine zeitabhängige, aber homogene Geschwindigkeitsverteilung über den Querschnitt dar, welche keine räumliche Abhängigkeit, wie sie im Falle des natürlichen Winds vorliegt, aufweist. Andererseits wird bei der Anwendung der Mann-Methode eine ideale Frontalanströmung mit Geschwindigkeitsfluktuationen überlagert. Die dabei betrachtete Frontalanströmung stellt trotz des kleineren durchschnittlichen Anströmwinkels im Fahrversuch eine vereinfachte Darstellung des natürlichen Windverhaltens dar. Deshalb führt die Anwendung des hybriden Verfahrens, welches beide obigen Ansätze kombiniert, zu einer physikalisch betrachtet korrekten Abbildung der instationären Windverhältnisse.

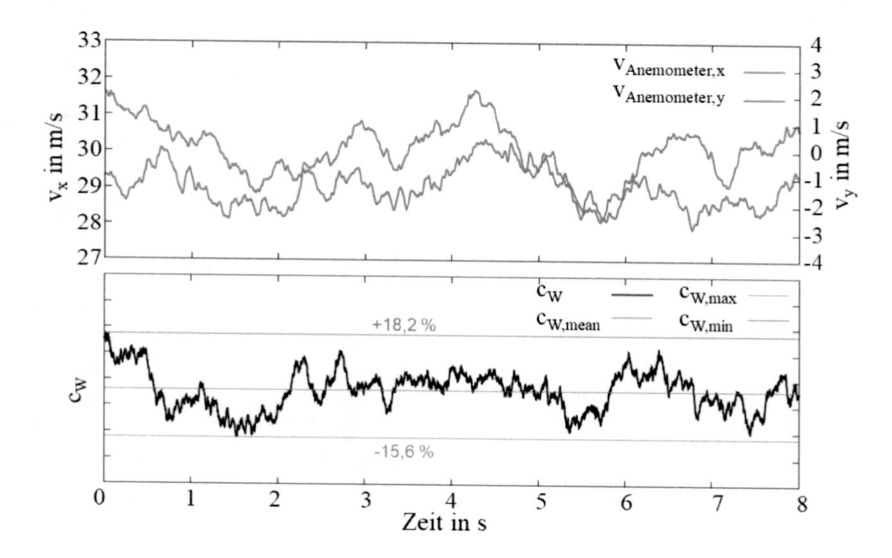

Abbildung 6.6: Hybrides Verfahren *KMB_T2*: Zeitliche Entwicklung des Luftwiderstandsbeiwerts und der Geschwindigkeit am virtuellen Anemometer

Die Ergebnisse der Untersuchungen mit dem hybriden Verfahren (*KMB_T2* und *KMB_T3*) sind in **Abbildung 6.6** und **Abbildung A.4** dargestellt. Wie in **Abbildung 6.6** erkennbar ist, weist die zeitliche Entwicklung der Geschwindigkeitskomponenten auf Anemometerhöhe Merkmale beider Anströmverfahren auf. Daraus ergibt sich eine Anströmung, welche die tieffrequenten Strömungsanteile des charakteristischen Messsignals *inst_T2* besitzt und gleichzeitig die räumliche Fluktuation der *MM_T2,* repräsentativ für die natürlichen Windverhältnisse, abbildet. Nach **Abbildung 6.3** weist diese Kombination der Anströmverfahren eine moderate Erhöhung des durchschnittlichen Luftwiderstands im Vergleich zu den ursprünglichen Ansätzen auf. Zudem liegt die Streuung der Werte über die Zeit in einem Bereich mit dem charakteristischen Messsignal *inst_T2*.

6.2.3 Strömungstopologie

Im Folgenden wird auf die instationäre Strömungstopologie um das Fahrzeug und deren Beitrag zur Luftwiderstandsentstehung eingegangen. Die Beschreibung der instationären aerodynamischen Fahrzeugeigenschaften erfolgt durch eine ausführliche Untersuchung der luftwiderstandserzeugenden Bereiche am Nutzfahrzeug. Hierfür wird nach Gl. 6.1 der zeitlich gemittelte Luftwiderstandsbeiwert über der Fahrzeuglängsachse aufgetragen und analysiert.

Abbildung 6.7 stellt die Ergebnisse der numerischen Untersuchungen anhand des charakteristischen Messsignals (*inst_T2* und *inst_T3*) einer stationären idealen Frontalanströmung gegenüber. Dabei ermöglicht die Darstellung der unterschiedlichen Anströmsituationen den Einfluss der turbulenten Anströmung auf das aerodynamische Fahrzeugverhalten zu analysieren. Die verschiedenen $c_W(x)$-Verläufe weisen die gleichen topologischen Merkmale auf und heben somit die charakteristischen luftwiderstandserzeugenden Strömungsstrukturen am Nutzfahrzeug hervor. Zu den markanten Unterschieden zwischen der stationären Frontalanströmung und den Untersuchungen mit dem charakteristischen Messsignal zählt die ungünstigere Anströmung der Zugmaschinenfront, welche durch die dortige Ablösung der Strömung den c_W-Wert lokal erhöht.

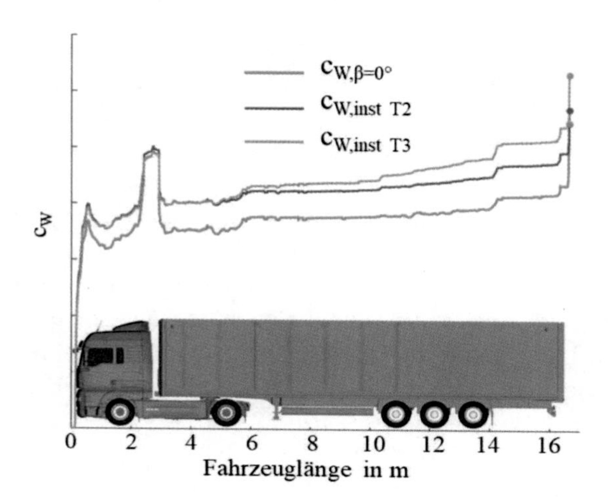

Abbildung 6.7: Luftwiderstandsbeiwert über der Längsachse: Instationäre Anströmung anhand des charakteristischen Messsignals

Auf die Entstehungsmechanismen des Luftwiderstands im Aufliegerbereich soll ein besonderes Augenmerk gelegt werden. Nach **Abbildung 6.7** steigt der Luftwiderstand im Aufliegerbereich aufgrund der zeitabhängigen lateralen Anströmkomponente. Die $c_W(x)$-Verläufe zeigen wie die aerodynamischen Kräfte durch die Anströmung des Kofferaufbaus und die Umströmung des zerklüfteten Unterbodens beeinflusst sind. Zudem deuten die Abweichungen zwischen den instationären Untersuchungen auf **Abbildung 6.7** darauf hin, dass der Luftwiderstand stark von der Größenordnung der seitlichen Anströmung abhängig ist. Letztlich ist das Abreißen der Strömung am Fahrzeugheck für eine weitere sprunghafte Zunahme des Luftwiderstandsbeiwerts verantwortlich, wohingegen die Auswirkung bei den instationären Untersuchungen anhand des charakteristischen Messsignals (*inst_T2*, *inst_T3*) signifikant geringer als bei der idealen Frontalanströmung ist. Grund dafür ist die Beeinflussung der Nachlauftopologie durch die instationäre Windanregung. Die Strömungsablösung am Nutzfahrzeugheck ist charakteristisch für die Vollheck-Fahrzeugform und verursacht die Bildung eines ausgeprägten Totwassergebiets. Dieses wird, wie **Abbildung 6.8** entnommen werden kann, aufgrund der instationären Anströmung signifikant verändert, sodass eine Erhöhung des Basisdrucks resultiert.

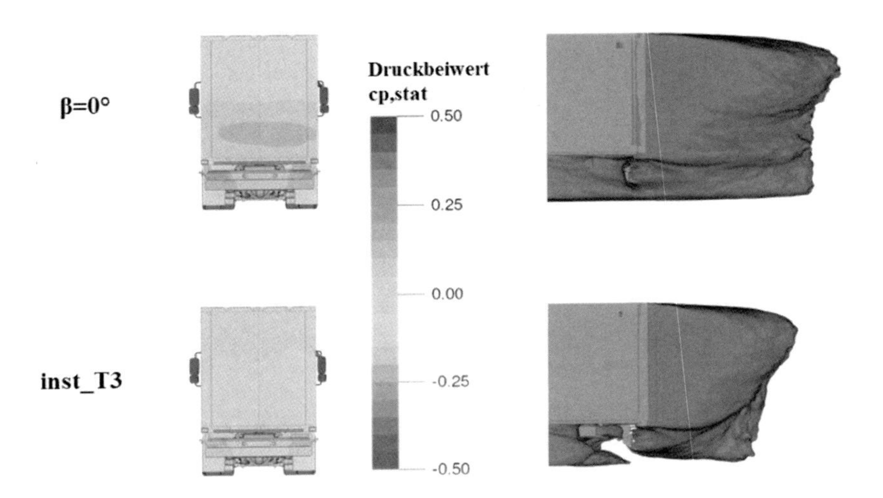

Abbildung 6.8: Oberflächendruck und Isofläche $c_{p,total}=0$ am Fahrzeugheck: Stationäre Frontalanströmung (oben) und instationäre Anströmung anhand des charakteristischen Messsignals *inst_T3* (unten)

Die Abbildung der instationären Windverhältnisse anhand des charakteristischen Messsignals kennzeichnet sich durch eine zeitabhängige und über den Querschnitt homogene Geschwindigkeitsverteilung. Infolge dominierender tieffrequenter Strömungsanteile, welche in Abschnitt 6.2.2 analysiert wurden, kann diese Anströmung als wechselhafte Windsituation betrachtet werden. Diese sorgt für eine ungünstigere Anströmung der Zugmaschinenfront sowie die Durchströmung des Freiraums. Die Luftwiderstandsentstehung am Auflieger ist vergleichbar mit der einer stationären Schräganströmung und ist auf die seitliche Komponente der Geschwindigkeit zurückzuführen. Zuletzt erschwert die variierende seitliche Anströmung die Bildung des Nachlaufs und verursacht eine moderate Steigerung des Basisdrucks am Fahrzeugheck (**Abbildung 6.8**).

Die Ergebnisse der Untersuchungen anhand der Fluktuationsfelder der Mann-Methode (*MM_T2*, *MM_T3*) ist in **Abbildung 6.9** zu finden. Auch hier sind alle aerodynamischen Merkmale infolge der Anströmung zu erkennen. Die $c_W(x)$-Verläufe der instationären Untersuchungen in **Abbildung 6.9** zeigen ein topologisch ähnliches Verhalten wie die ideale Frontalanströmung, wobei die Auswirkung auf die aerodynamischen Kräfte mit den turbulenten Eigenschaften der Anströmung zunehmen. Hierbei steigt der Luftwiderstand im gesamten Zugmaschinenbereich aufgrund der strömungsungünstigeren Anströmung des Führerhauses sowie durch die verstärkte seitliche Durchströmung des Freiraums an. Der höhere energetische Zustand der Anströmung infolge der fluktuierenden Geschwindigkeiten sorgt dafür, dass zunehmende energetische Verluste in den strömungsabgelösten Bereichen stattfinden. Entsprechend nimmt der Luftwiderstand über der Aufliegerlänge in Abhängigkeit der Anströmsituation zu. Ein ähnliches Verhalten ist am Fahrzeugheck zu beobachten. Dort verursachen die stärkeren dissipativen Strömungsphänomene eine Senkung des Basisdrucks.

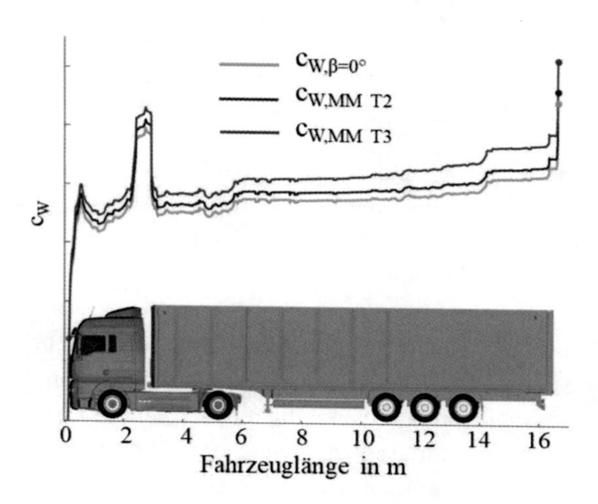

Abbildung 6.9: Luftwiderstandsbeiwert über der Längsachse: Instationäre Anströmung anhand der Mann-Methode

Wie aus **Abbildung 6.10** zu entnehmen ist, nimmt im Fall der instationären Anströmung anhand der Mann-Methode (*MM_T2*, *MM_T3*) der Oberflächendruck auf der Stirnfläche der Kabine zu. Zugleich vergrößert sich das Gebiet maximalen Unterdrucks, das am Heck entsteht. Die beiden Effekte spiegeln sich im Luftwiderstandsbeiwert wider, wie in **Abbildung 6.9** zu sehen ist.

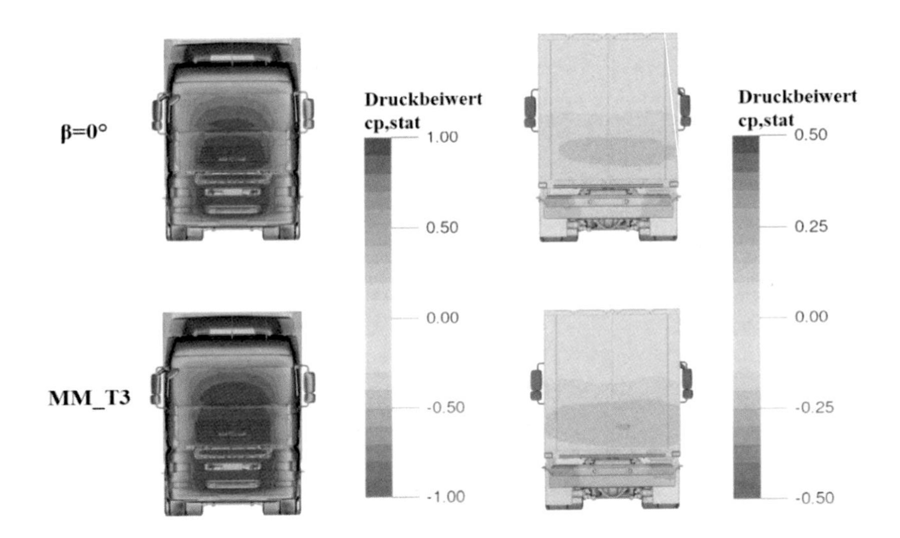

Abbildung 6.10: Oberflächendruck an der Kabinenstirnfläche und am Fahrzeugheck: Unter einer Frontalanströmung (oben) und bei instationärer Anströmung anhand der Mann-Methode (unten)

Abbildung 6.11 fasst die Ergebnisse der unterschiedlichen Ansätze zur Darstellung der Strömungssituation *Fahrversuch T2* aus dem Fahrversuch zusammen. Unabhängig vom angewandten Ansatz zur Modellierung der instationären Windverhältnisse zeigt sich, dass alle Verfahren ähnliche Auswirkungen auf den $c_W(x)$-Verlauf aufweisen. Allein an der Fahrzeugfront, im Freiraum und am Fahrzeugheck sind aufgrund der instationären An- und Durchströmung des Nutzfahrzeugs unterschiedliche Verhältnisse zu erkennen (siehe **Abbildung 6.11**). Während die Mann-Methode (*MM*) im Vergleich zu einer idealen stationären Frontalanströmung einen moderaten Einfluss auf die Durchströmung des Freiraums und des Fahrzeughecks aufweist, führen der Ansatz mit dem charakteristischen Messsignal (*inst*) und das hybride Verfahren (*KMB*) zu größeren Auswirkungen in diesen Fahrzeugbereichen. In diesem Zusammenhang zeigt die Topologie des $c_W(x)$-Verlaufs des hybriden Verfahrens *KMB_T2* eine Ähnlichkeit mit dem charakteristischen Messsignal *inst_T2*. Dabei unterscheiden sich die entsprechenden Verläufe nur hinsichtlich der Steigerung des Staudruckeinflusses sowie der Abnahme der am Fahrzeugheck wirkenden Kräfte. Hierbei verursacht die Kombination der Verfahren, wie **Abbildung 6.11** entnommen werden kann, eine geringere Widerstandskraft am Fahrzeugheck, die mit einem zunehmenden Basisdruck zusammenhängt. Ebenfalls sorgt das hybride Verfahren für eine Zunahme des Luftwiderstands an der Fahrzeugstirnfläche.

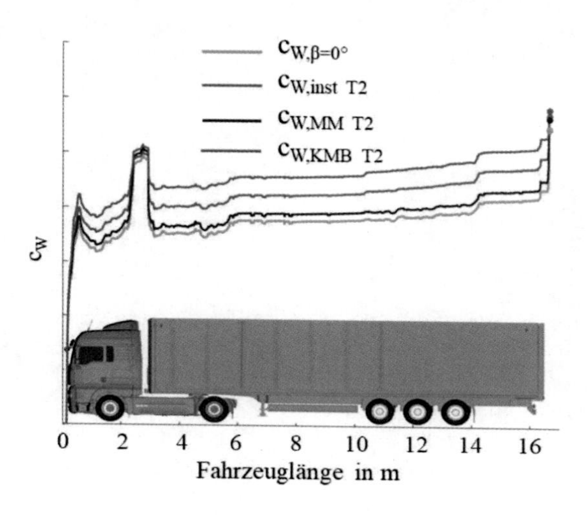

Abbildung 6.11: Luftwiderstandsbeiwert über der Längsachse: Instationäre Anströmung anhand Ansätze zur Abbildung der Strömungssituation *Fahrversuch T2*

7 Untersuchung des Ventilationswiderstands von Nutzfahrzeugen

Eine CFD-Prozedur zur Bestimmung des Ventilationswiderstands wird anhand von Windkanalversuchen validiert und anschließend an realen Nfz-Rädern angewandt. Es wird aufgezeigt, wie der Beitrag des Ventilationswiderstands auf den Luftwiderstand ausfällt und wie das aerodynamische Verhalten durch die geometrischen Änderungen der Felgenformen oder der Laufflächentopologie beeinflusst wird. Zuletzt wird der in der numerischen Strömungssimulation ermittelte Luftwiderstandsbeiwert mit Berücksichtigung des Ventilationsbeiwerts, bezeichnet als der erweiterte Luftwiderstandsbeiwert, dem Beiwert aus dem Fahrversuch gegenübergestellt werden.

7.1 Methode zur Bestimmung des Ventilationswiderstands

Dieses Kapitel widmet sich der Definition einer Methode zur Untersuchung und Bestimmung des Ventilationswiderstands von Nfz-Rädern in der numerischen Strömungssimulation. Zu diesem Zweck wird nachfolgend die Prognosegüte der Methode anhand einer Validierung mit Ergebnissen aus Windkanalversuchen analysiert und bewertet. Zur Untersuchung des Ventilationswiderstands wird ein Fahrzeugmodell im Maßstab 1:4,5 gefertigt, welches auch als Validierungsmodell für die numerischen Strömungssimulationen Verwendung findet (siehe **Abbildung 7.1**).

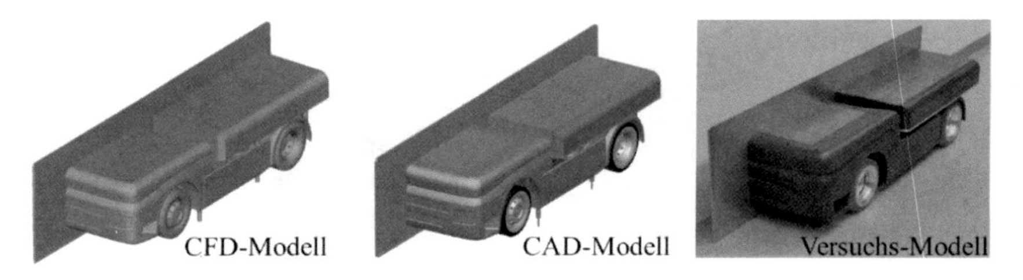

Abbildung 7.1: Fahrzeugmodell im Maßstab 1:4,5 zur Untersuchung des Ventilationswiderstands (Abmessungen in **Abbildung A.5**)

C. Peiró Frasquet, *Digitale Zertifizierung der aerodynamischen Eigenschaften von schweren Nutzfahrzeugen*, Wissenschaftliche Reihe Fahrzeugtechnik Universität Stuttgart, https://doi.org/10.1007/978-3-658-46398-4_7

In [83] ist eine detaillierte Beschreibung der Konzeption und Entwicklung des Fahrzeugmodells zu finden. Zunächst werden anhand von CFD die Außenhaut des Modells entwickelt, dessen Geometrie die aerodynamischen Verhältnisse im Radbereich und Effekte eines realen Nutzfahrzeugs abbildet. In einem zweiten Schritt wird das in der CFD festgelegte Modell in ein fertigungsgerechtes CAD-Modell überführt und konstruktiv umgesetzt. Abschließend werden die Komponenten des Modells gefertigt und montiert.

7.1.1 Untersuchung im Modellwindkanal

Im Modellwindkanal werden die zur Überwindung der Radwiderstände benötigten Antriebskräfte von den Radantriebseinheiten aufgebracht und über die Laufbänder übertragen. Die Antriebskräfte werden von der Unterflurwaage aufgenommen, welche mit den Radantriebseinheiten direkt verbunden ist. Um die an den Rädern agierenden Kräfte isoliert messen zu können, wird das Fahrzeugmodell über die Schwellerstützenhalter am Messstreckenboden befestigt, wie in **Abbildung 7.2** dargestellt. Zudem kann durch das Entkoppeln einer Dreheinheit von der Waage die Kraftmessung des anderen Rads bei verbleibenden drehenden Rädern erfolgen.

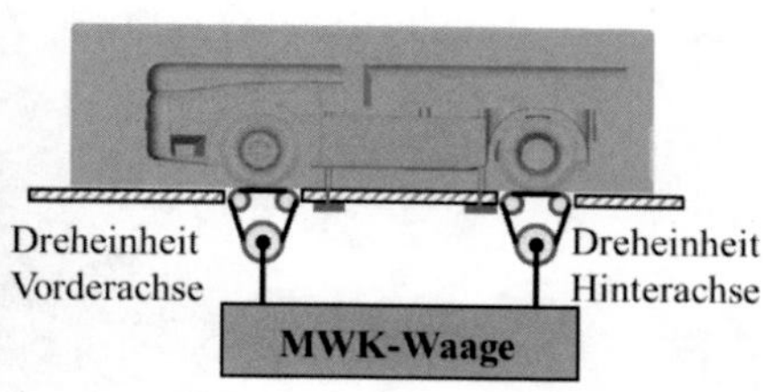

Abbildung 7.2: Windkanalversuche, links: Fahrzeugmodell auf der Messstrecke, rechts: Skizze zur Darstellung der Kraftaufnahme über die Waage

Wie in **Abbildung 7.3** veranschaulicht wird, können die auf das Rad agierenden Widerstandsmomente durch Kräftepaare ersetzt werden. Die zur Rotation des Rads benötigte Antriebskraft F_{Antr} stellt entsprechend die Überlagerung verschiedener Widerstände dar und stützt sich auf der Waage ab (Gl. 7.1). Dem Ventilationswiderstand F_{Vent} sind der Rollwiderstand F_{Roll} und die aerodynamischen Kräfte $F_{Antr,aer}$, die durch die Umströmung der Dreheinheit entstehen, überlagert. Die Rollwiderstandskraft, die als unabhängig von der Geschwindigkeit gilt, wird anhand einer Tarierung bei 5 km/h quantifiziert und kann anschließend von der Messung subtrahiert werden. Allerdings kann der Einfluss der Umströmung auf die Laufbänder sowie die internen aerodynamischen Effekte der Radantriebseinheit nur schwer möglich von der Messung getrennt erfasst werden. Aus diesem Grund werden im Rahmen der durchgeführten Windkanalversuche auch die Störgrößen der Laufbandumströmung mitgemessen.

$$F_{Antr} = F_{Vent} + F_{Roll} + F_{Antr,aer} \qquad \text{Gl. 7.1}$$

Im Modellwindkanal wird der Einfluss verschiedener Laufflächen und Felgenformen auf den Ventilationswiderstand von Nfz-Rädern anhand der tarierten Kraftmessung der Radkonfigurationen untersucht. Es werden zwei unterschiedliche Laufflächen und jeweils drei Felgentypen für das Vorderrad und das Doppelrad an der Hinterachse gemessen [83, 84]. Zudem werden gewählte Radkonfigurationen unter Schräganströmung untersucht sowie bei unterschiedlichen Anströmgeschwindigkeiten die aerodynamischen Kräfte gemessen, um den laminar-turbulenten Übergang bei einer Reynoldszahl von ca. $3 \cdot 10^5$ nachzuweisen.

Die Grundlagen zur Strömungsfeldmessung im Modellwindkanal wurden in Kapitel 2.6 vorgestellt. Eine konkrete Vorgehensweise zur Untersuchung der Geschwindigkeitsfelder hängt jedoch vom Vorhaben und von den technischen Gegebenheiten ab. Im Rahmen der in dieser Arbeit durchgeführten Versuche wird die Strömungstopologie um das Vorderrad bei unterschiedlichen Radkonfigurationen untersucht. Dafür werden die Strömungsfelder der z-Ebenen über der Radhöhe mit Particle Image Velocimetry erfasst.

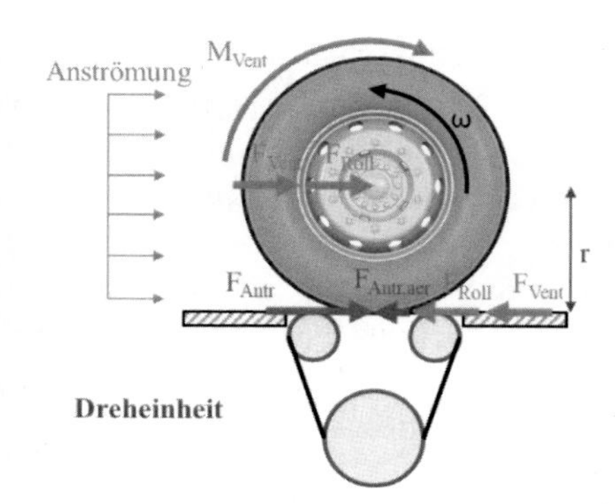

Abbildung 7.3: Versuchsaufbau zur Kraftaufnahme, links: Perspektive des Doppelrades auf der Radantriebseinheit, rechts: Skizze der am Rad agierenden Kräfte und Momente

7.1.2 Untersuchung in der Strömungssimulation

Die numerische Strömungssimulation ermöglicht eine direkte Berechnung der am Rad wirkenden aerodynamischen Kräfte und Momente sowie eine gezielte Analyse der Strömungstopologie um das Rad. Dabei ist jedoch von besonderer Bedeutung, dass die im Versuch vorliegende Strömungssituation in der Simulation abgebildet wird, sodass die Vergleichbarkeit zwischen den gemessenen und berechneten Ergebnissen gewährleistet werden kann. Zu diesem Zweck muss bei der Definition von Randbedingungen ein besonderes Augenmerk auf die Anströmsituation, die Abbildung der Bodensimulation und die Modellierung der Radrotation gelegt werden.

Die Auslegung des Fahrzeugmodells unter einer Anströmsituation nah an den Versuchsbedingungen ermöglicht genaue Kenntnisse über das aerodynamische Verhalten des Fahrzeugmodells. Die Berücksichtigung der Geometrie des Modellwindkanals in der Strömungssimulation gestattet es, unerwünschte Interferenzeffekte einzugehen und diese zu minimieren (**Abbildung 7.4** links). Das resultierende Fahrzeugmodell erweist trotz der asymmetrischen Gestaltung und der dominierenden Vollheckform eine sehr geringe Blockierung sowie eine minimale Interaktion mit dem Windkanal. Aus diesem Grund lassen sich weitere Untersuchungen des Fahrzeugmodells zur Studie des Ventilationswiderstands in einem Standard Simulationsgebiet durchführen, wie in **Abbildung 7.4** rechts gezeigt. Dabei bleibt die Anströmsituation bei einer Erhöhung der Simulationseffizienz durch die Vereinfachung des Simulationsgebiets unverändert.

Die Abbildung des Systems zur Straßenfahrtsimulation (**Abbildung 7.4**) in der numerischen Strömungssimulation spielt nicht nur aufgrund der Vergleichbarkeit der Simulation mit dem Windkanalversuch eine wichtige Rolle, sondern auch durch die parasitären Kräfte resultierend aus der Umströmung der Laufbänder (vgl. Kapitel 7.1.1). Deswegen wird in der CFD das Laufbandsystem realitätsgetreu als Randbedingung berücksichtigt.

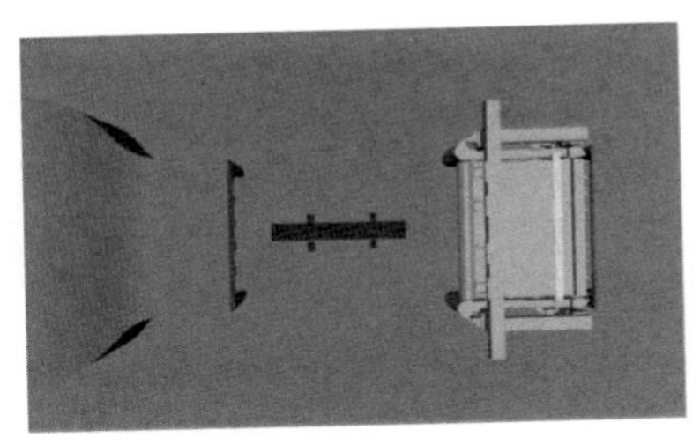

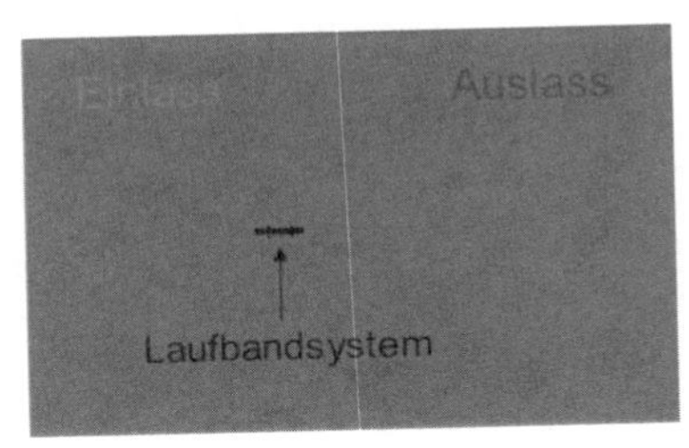

Abbildung 7.4: Simulationsgebiet, links: mit Berücksichtigung der Geometrie des Modellwindkanals, rechts: standard Simulationssetup

Zuletzt ist die Modellierung der Räder und deren Rotation von zentraler Bedeutung für die korrekte Darstellung des Ventilationswiderstands in der Strömungssimulation. Eine detaillierte und realitätsnahe Darstellung der Raddrehung, wie in Kapitel 5.2 vorgestellt, eignet sich ideal für die Abbildung der Strömungseffekte des umströmten Rads im Radhaus sowie für die Bestimmung der am Rad wirkenden Kräfte.

7.1.3 Gegenüberstellung der Ergebnisse und Validierung

Als Grundlage für die Validierung der Methode zur Bestimmung des Ventilationswiderstands in der CFD werden nachfolgend die im Modellwindkanal gewonnenen Kraftmesswerte den berechneten Kräften aus der Strömungssimulation gegenübergestellt. Zur Unterstützung der quantitativen Ergebnisse werden anschließend die Strömungstopologien der experimentellen und numerischen Untersuchungen abgeglichen. Dieses Vorgehen erlaubt eine Bewertung der Prognosegüte und Sensitivität der verwendeten numerischen Verfahren.

Alle Windkanalversuche und Strömungssimulationen werden bei einer Strömungsgeschwindigkeit von 60 m/s durchgeführt. Dies entspricht einer Reynoldszahl von $8{,}8 \cdot 10^5$ bezogen auf den Raddurchmesser. Die Geschwindigkeit der Laufbänder des Bodensimulationssystems beträgt ebenfalls 60 m/s. Daraus resultiert eine Raddrehzahl von 5090 1/min. Die untersuchte Anströmsituation entspricht somit einer Geradeausfahrt bei ca. 50 km/h eines Nutzfahrzeugs in Realgröße.

Abgleich der Ventilationskräfte

Im folgenden Absatz werden die Kräfte aus dem Versuch und der Simulation gegenübergestellt. Die vom Rad zu überwindende aerodynamische Kraft stellt, wie in Unterkapitel 7.1.1 erläutert wurde, die Überlagerung des Ventilationswiderstands mit dem aerodynamischen Effekt der Laufbandumströmung dar. Der zeitgemittelte Wert dieser Längskraft wird als $\bar{F}_x$ bezeichnet. Für die Berücksichtigung des zeitabhängigen Verhaltens der gemessenen oder berechneten Kraft wird die Standardabweichung σ_x analysiert.

Die experimentellen Kraftmessungen werden über eine Messzeit von 60 s aufgezeichnet. Die numerischen Simulationen werden für 7 s simuliert. Zur Mittelung der in der Simulation berechneten Kräfte wird eine Fensterlänge von 1 s gewählt.

Tabelle 7.1 fasst die Kräfte und deren Standardabweichung am Vorderrad zusammen. Dabei werden Radkonfigurationen mit jeweils zwei unterschiedlichen Laufflächentopologien und drei Felgenformen untersucht.

Die in **Tabelle 7.1** dargestellten Ergebnisse der Windkanalversuche und der CFD-Simulationen weisen vergleichbare Kraftwerte für die einzelnen Radkonfigurationen auf. Im Experiment ist die Standardabweichung σ_x eine Größenordnung kleiner als die gemessene Kraft $\bar{F}_x$. In der CFD ist die Schwankungsbreite bis zwei Größenordnungen kleiner. Dieser Unterschied lässt sich mit der Messgenauigkeit der Waage von ±0,1 N erklären, wie in Kapitel 2.6 beschrieben.

Tabelle 7.1: Ventilationskraft (in N) am Vorderrad des Fahrzeugmodells

		Rillen Standard	Rillen Eco	Rillen Closed	Profil Standard	Profil Eco	Profil Closed
MWK	$\bar{F}_x$	0,37	0,32	0,30	1,00	0,90	0,85
	σ_x	0,032	0,036	0,037	0,034	0,039	0,036
CFD	$\bar{F}_x$	0,34	0,28	0,28	1,06	0,95	1,00
	σ_x	0,007	0,007	0,007	0,014	0,015	0,014

Der Vergleich der Kräfte zwischen den Varianten mit unterschiedlicher Profilierung zeigt, dass der Einfluss der profilierten Lauffläche zu einer Erhöhung des $\bar{F}_x$ von ca. 180 % im Versuch führt während dieser in der Simulation ca. 230 % beträgt.

Die Reduktion des Ventilationswiderstands durch den Einsatz von aerodynamisch verbesserten Felgen ist ebenfalls in **Tabelle 7.1** sichtbar. Die Windkanalmessungen der Radkonfigurationen mit geschlossenen und Eco Felgen weisen eine Verringerung der gemessenen Kraft $\bar{F}_x$ von 10-18 % im Vergleich zur Standardfelge auf. Die Simulationsergebnisse zeigen eine ähnliche Senkung (5-16 %) des Ventilationswiderstands aufgrund der flachen Felgen. Darüber hinaus kann beobachtet werden, dass die im Modellwindkanal durchgeführten Kraftmessungen sensitiver auf die Felgenform reagieren, während die CFD-Ergebnisse der geschlossenen und Eco Felge sich wenig voneinander unterscheiden.

In **Tabelle 7.2** sind, analog zur obigen Studie der Vorderachse, die Ergebnisse der aerodynamischen Kräfte an den Zwillingsrädern agierenden dargestellt. Es zeigen sich wieder moderate Abweichungen zwischen den gemessenen und berechneten Kräften. Diese Abweichung ist jedoch größer als jene an der Vorderachse und fällt vor allem bei den Doppelrädern mit Längsrillen auf. Zur zeitlichen Schwankung der ausgewerteten Kräfte $\bar{F}_x$ kann festgestellt werden, dass diese im allgemeinen eine kleine Standardabweichung σ_x aufweisen, was die Qualität der Messungen und Simulationen stützt.

Tabelle 7.2: Ventilationskraft (in N) am Hinterrad des Fahrzeugmodells

		Rillen Standard	Rillen Eco	Rillen Closed	Profil Standard	Profil Eco	Profil Closed
MWK	$\bar{F}_x$	1,83	1,64	1,65	3,04	2,77	2,66
	σ_x	0,041	0,032	0,040	0,049	0,049	0,066
CFD	$\bar{F}_x$	1,40	1,26	1,26	2,67	2,44	2,44
	σ_x	0,011	0,010	0,010	0,014	0,012	0,013

Analog zum Einfluss der Bereifung an der Vorderachse, erhöht die Profilierung der Lauffläche den Ventilationswiderstand im Vergleich zu den Längsrillen. Diese Erhöhung beträgt ca. 70% bei den Versuchen im Modellwindkanal und ca. 90% bei den CFD-Simulationen. Die beobachtete Steigerung an der Hinterachse fällt allerdings geringer aus als jene an der Vorderachse. Der Grund dafür ist die unterschiedliche Anströmsituation, welche die Räder an der Vorder- und Hinterachse erfahren. Während das Einzelrad im vorderen Radhaus direkt angeströmt wird, befinden sich die Zwillingsräder im Nachlauf des Vorderrads sowie unter dem Einfluss der Unterbodenströmung.

Das Anbringen einer flachen Radkappe am Doppelrad bewirkt, wie **Tabelle 7.2** entnommen werden kann, eine Reduzierung des Ventilationswiderstands. Die Verbesserung der aerodynamischen Eigenschaften wird im Experiment und in der CFD ähnlich bewertet und beträgt im Vergleich zur Standardfelge 8-12 %. Dabei fällt aufgrund der geänderten Anströmungsmerkmale an der Hinterachse der Unterschied zwischen der geschlossenen oder Eco Radkappe minimal aus.

Zur Bewertung der Prognosegüte der angewandten CFD-Prozedur hinsichtlich der Bestimmung des Ventilationswiderstands werden die numerisch berechneten Kräfte mit jenen im Modellwindkanal gemessenen für jede untersuchte Radkonfiguration verglichen. Die prozentuale Abweichung zwischen der CFD-Simulation und dem Versuch beträgt unabhängig vom Radtyp, der Felgenart oder Topologie der Lauffläche 5 % bis 15 %. Diese Abweichung ist für die Projektziele im Rahmen der realisierbaren Messgenauigkeit als sehr gut zu betrachten. Eine Ausnahme hiervon stellen die Ergebnisse der Untersuchungen mit Längsrillen an der Hinterachse dar, die eine Abweichung von bis zu 30 % aufweisen können.

Zur allgemeinen Prognosegüte der CFD-Prozedur muss auch deren Sensitivität bewertet werden. Hierbei weisen die gemessenen und berechneten Kräfte vergleichbare Tendenzen aufgrund der unterschiedlichen Laufflächen und Felgenformen auf. Die angewandten Methoden zur Modellierung der Raddrehung sowie die Vorgehensweise zur Bestimmung des Ventilationswiderstands in der CFD ermöglichen eine gute Abbildung der im Modellwindkanal beobachteten Effekte und gemessenen Kräfte.

- Abgleich der Strömungstopologie

Die Studie der Strömungstopologie um das Rad erfolgt anhand der PIV-Messungen im Modellwindkanal, sowie mithilfe einer gezielten Auswertung der Strömungssimulation. Um den angestrebten Vergleich der experimentellen und numerischen Methoden durchzuführen, eignet sich die Untersuchung des Vorderrads aufgrund der dortigen ausgeprägten Wirbelstrukturen besonders gut.

Zur Untersuchung des Strömungsfelds werden die zeitlich gemittelten Geschwindigkeitskomponenten aus vier repräsentativen Ebenen analysiert. Die ausgewählten Ebenen sind zur Orientierung in **Abbildung 7.5** dargestellt. Diese haben eine Größe von $340\ mm \times 150\ mm$.

Ebene	Abstand zur Messtrecke	Position
1	32,5 mm	Radschulter unten
2	42,5 mm	Felgenkante unten
3	112,5 mm	Radnabe
4	162,5 mm	Radhausbereich

Abbildung 7.5: Ebenen zur Untersuchung der Strömungsfelder

Das Strömungsfeld eines Rades mit Längsrillen und einer Standardfelge ist in **Abbildung 7.6** dargestellt. Zur besseren Vergleichbarkeit der Ergebnisse wird der Geschwindigkeitsbetrag $|U|$ mit der Anströmgeschwindigkeit U_∞ von 60 m/s normiert. Wie in **Abbildung 7.6** zu erkennen ist, treten in den PIV-Ergebnissen der zwei unteren Ebenen aufgrund der Bodennähe kleine Reflexionsbereiche auf, welche sich durch ihre inkonsistente Form im gesamten Strömungsfeld identifizieren lassen. Diese sind auf der unteren Ebene in Form von Punkten mit niedriger Geschwindigkeit oder auf einer Höhe von 42,5 mm im mittleren Geschwindigkeitsfeld zu erkennen. Diese lokalen Reflexionen dürfen nicht bei der Analyse und Abgleich der Ergebnisse berücksichtigt werden.

Grundsätzlich ist eine gute Übereinstimmung zwischen den experimentellen und den berechneten Strömungsfeldern zu beobachten. Der äußere Radlatsch-Wirbel ist auf Radschulterhöhe (h_1) voll entwickelt und dessen Größe, Intensität sowie der Strömungsabriss an der Flanke der Lauffläche wird in der Simulation gleich dargestellt. Ebenfalls sind auf der Höhe der unteren Felgenkante (h_2) die Interaktionen des Radnachlauf-Hufeisenwirbels und des Radlatsch-Wirbels vergleichbar. Die Strömungstrukturen auf Radnabenhöhe (h_3) deutet daraufhin, dass das Rad durch das Radhaus abgeschirmt wird. Zuletzt wird der Flanken-Wirbel im oberen Bereich des Radhauses (h_4) von der Simulation gleichermaßen wiedergegeben (Die Bezeichnungen der Wirbelstrukturen erfolgen analog zu Wäschle [77]).

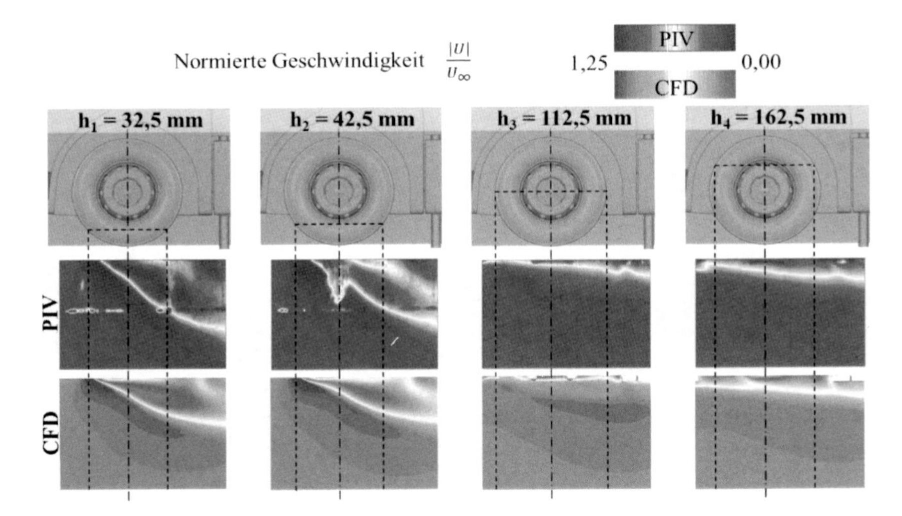

Abbildung 7.6: Strömungsfeld über der Radhöhe einer Radkonfiguration mit Längsrillen und Standardfelge

Entsprechend der oben vorgestellten Strömungstopologie wird in **Abbildung 7.7** auf das Strömungsfeld um ein Vorderrad mit einer Standardfelge und einer profilierten Bereifung eingegangen. Wie in **Abbildung 7.7** zu erkennen ist, bleibt das Strömungsfeld im oberen Radbereich (h_3 und h_4) vergleichbar mit der Konfiguration mit Längsrillen und wird gleich dargestellt. Im unteren Radbereich (h_1 und h_2) liefern PIV und CFD, trotz der ausgeprägten Reflexionen im Experiment, erneut vergleichbare Strömungsbilder. Die Profilierung an der Lauffläche sorgt hierbei für eine Formänderung und Verschiebung des Radlatsch-Wirbels.

Der Einfluss der Felgenform auf die Strömungstopologie wird in **Abbildung 7.8** veranschaulicht. Das Strömungsfeld ist auf der Ebene h_2 bei unterschiedlichen Radkonfigurationen der Bereifung und Felgenform dargestellt. Das Anbringen einer flachen Felge, wie der Eco-Felge, sorgt unabhängig von der vorhandenen Bereifung, für eine Verkleinerung des Latsch-Wirbels. Dieses Strömungsverhalten wird gleichermaßen in den Simulationsergebnissen widergegeben.

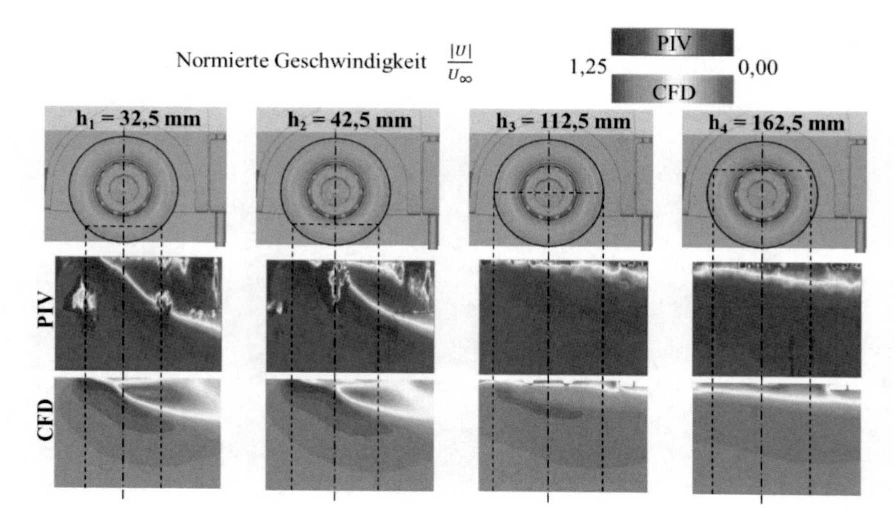

Abbildung 7.7: Strömungsfeld über der Radhöhe einer Radkonfiguration mit profilierter Lauffläche und Standardfelge

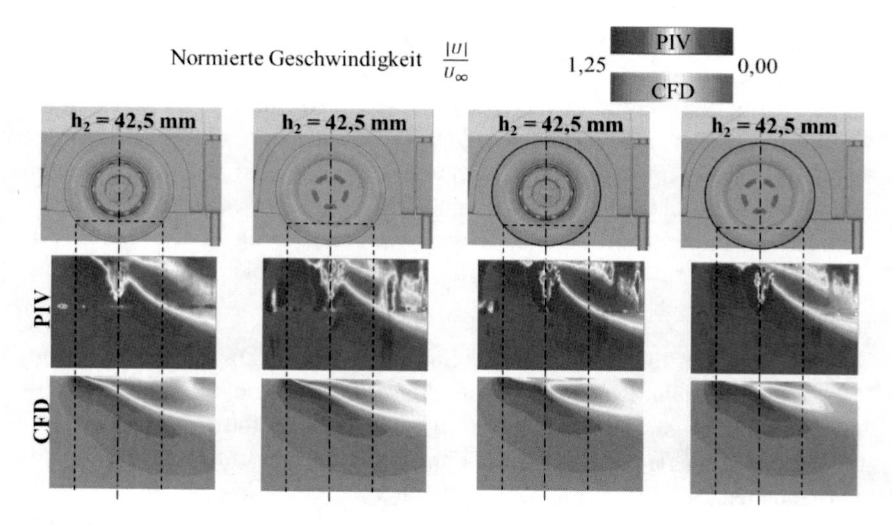

Abbildung 7.8: Strömungsfeld im unteren Radbereich bei unterschiedlichen Felgenformen, links: Bereifung mit Längsrillen, rechts: Bereifung mit Profilierung

Die Untersuchungen zeigen, dass die in der numerischen Strömungssimulation verwendeten Methoden zur Modellierung der Raddrehung eine hohe Vergleichbarkeit mit den experimentellen Ergebnissen aufweisen. Die CFD ermöglicht die Formulierung von Aussagen über die Strömungstopologie sowie über die Änderungen im Strömungsfeld aufgrund von geometrischen Veränderungen am Rad.

7.2 Vorgehensweise zur Analyse von Nfz-Rädern

Für die Analyse von Nfz-Rädern wird eine Sattelzugkonfiguration bestehend aus einer Zugmaschine Modell TGA 18.480 des Herstellers MAN Truck&Bus und einem Krone 3-Achs-Sattelauflieger mit Kofferaufbau des Typs Dry Liner [3, 82] verwendet. Die zu untersuchenden Nutzfahrzeugräder vom Typ 315/70 R 22.5 werden in der numerischen Strömungssimulation mit deformationsfreier Bereifung abgebildet. Diese werden mit zwei unterschiedlichen Laufflächentopologien ausgestattet, welche sich an den Bereifungen der Firma Continental AG orientieren [84, 85]. Zur Untersuchung des Beitrags der Felgen auf den Ventilationswiderstand werden zunächst die Originalfelgen an der Zugmaschine und am Sattelauflieger als Referenz betrachtet. Zudem werden in Anlehnung an die Untersuchungen am Fahrzeugmodell die aerodynamisch verbesserten Felgenformen eingesetzt [84]. Die Gestaltung der Eco-Felge und der geschlossenen Felge werden für eine realistischere Darstellung derselben so konstruiert, dass diese am Vorderrad eine vollständige Felge darstellen. Allerdings werden sie am Hinterrad und an den Rädern am 3-Achs-Agreggat als Radkappen angebracht, wobei die Originalfelge an den jeweiligen Achsen montiert bleibt.

Aufgrund ihrer konstruktiven Natur sind bei Nutzfahrzeugen unterschiedliche Radkonfigurationen zu finden, wie aus **Abbildung 7.9** entnommen werden kann. Hierbei handelt es sich um verschiedene Achsenkonfigurationen mit einer variierenden Radanzahl, Radhausform, Felgenform oder Bereifung. Diese stellen seitens der Aerodynamik verschiedene Anströmsituationen dar, die zur korrekten Bestimmung des Ventilationswiderstands des Gesamtfahrzeugs berücksichtigt werden.

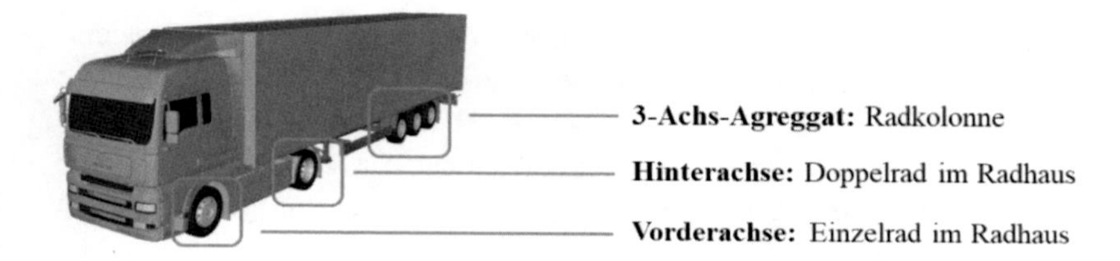

Abbildung 7.9: Unterschiedliche Anströmsituationen der Räder am Nfz

Analog zu den Untersuchungen am Fahrzeugmodell, wird im Rahmen der Studie des Ventilationswiderstands realer Nutzfahrzeugräder auch auf den Einfluss der in Kapitel 7.1 vorgestellten Bereifungen und Felgenformen eingegangen. Dies und die notwendige Betrachtung der verschiedenen vorhandenen Anströmsituationen der Räder sorgen für eine Vielzahl von Radkonfigurationen, welche untersucht werden müssen.

Aufgrund der Anforderungen und Anzahl an Varianten werden im Rahmen dieser Arbeit lokale Simulationen anhand der „Transient Boundary Seeding"-Vorgehensweise von Simulia PowerFLOW durchgeführt. Diese ermöglicht die Durchführung von Teilsimulationen, bei denen zeitabhängige Randbedingungen vorgegeben werden, die auf Ergebnisse einer Gesamtfahrzeugsimulation basieren. Derartige Teilsimulationen finden ihre Anwendung bei der Untersuchung von geometrischen Varianten am Fahrzeug, die einen vergleichsweise lokalen Einfluss auf die Aerodynamik aufweisen. Diese Vorgehensweise ist entsprechend ideal geeignet, um den Beitrag der verschiedenen Bereifungs- und Felgenkonfigurationen an den unterschiedlichen Rädern am Nutzfahrzeug zu untersuchen.

Abbildung 7.10: Schritte zur Durchführung einer Teilsimulation an der Vorderachse (VA) anhand der „Transient Boundary Seeding" Vorgehensweise

Abbildung 7.10 stellt exemplarisch die Schritte zur Durchführung einer Teilsimulation des Vorderrads dar. An erster Stelle wird eine Simulation des gesamten Simulationsgebiets durchgeführt, bei der die Strömungsgrößen eines bestimmten Bereichs aufgenommen werden. Dabei muss berücksichtigt werden, dass die Gesamtsimulation des Nutzfahrzeugs eine ausreichende Beschreibung der Radanströmung liefert. Anschließend werden die aufgenommenen Simulationsergebnisse als transiente Randbedingung für die lokale Simulation vorgegeben.

In der vorliegenden Arbeit werden folglich Teilsimulationen zur Untersuchung der Anströmung des Vorderrads, des Hinterrads und der Räder am 3-Achs-Agreggat verwendet. Zu diesem Zweck werden jeweils drei Simulationsbereiche festgelegt, welche die Strömungssituation um das dazugehörige Rad untersuchen lässt. Diese Vorgehensweise ermöglicht aufgrund der Reduzierung der nötigen Rechenkapazitäten eine effiziente Gestaltung der Untersuchungen.

7.3 Untersuchung des Ventilationswiderstands von Nfz-Rädern

Im Folgenden wird der Ventilationswiderstand von realen Nutzfahrzeugrädern und deren Variationen anhand der im Rahmen dieser Arbeit festgelegten und validierten CFD-Prozedur untersucht. Die numerischen Strömungssimulationen erfolgen mithilfe der zuvor erläuterten Vorgehensweise. Hierbei wird in der vorliegenden Arbeit angenommen, dass die Fahrzeugasymmetrien einen vernachlässigbaren Einfluss auf den Ventilationswiderstand ausüben und entsprechend nur die Räder auf einer Fahrzeugseite untersucht werden sollen.

Die Randbedingungen zur Abbildung der Anströmung in der Strömungssimulation werden in Anlehnung an Kapitel 4.1 vorgegeben und basieren auf der Strömungssituation im Fahrversuch. Die durchschnittlichen Werte der Strömungsgrößen aus den ausgewerteten Fahrversuchen werden folgend zur Darstellung einer stationären Frontalanströmung in der numerischen Strömungssimulation verwendet. Zur Definition der vom Nutzfahrzeug erfahrenen Anströmung werden die Fahrzeuggeschwindigkeit $\bar{v}_{Fzg}$ von 24,4 m/s, welche der im Fahrversuch durchschnittlichen Fahrgeschwindigkeit entspricht, und die durchschnittliche Windstärke $\bar{v}_{Wind}$ von 2,9 m/s aus der Auswertung der Windsituation addiert. Ebenso wird zur Abbildung der Relativgeschwindigkeit zwischen Boden und Fahrzeug eine Translationsgeschwindigkeit am Boden gleich wie $\bar{v}_{Fzg}$ vorgegeben. Zuletzt wird zur Darstellung der Raddrehung der unterschiedlichen Radkonfigurationen der im Kapitel 5.2 vorgestellte Modellierungsansatz verwendet.

Tabelle 7.3: Normierter Ventilationswiderstand $\boldsymbol{F_{Vent,i}/F_{Vent,VR}}$ der unterschiedlichen Radkonfigurationen an der Vorderachse (VR), Hinterachse (HR) und dem 3-Achsagreggat (TR).

	Rillen Standard	Rillen Eco	Rillen Closed	Profil Standard	Profil Eco	Profil Closed
VR	1,00	0,85	0,85	2,74	2,64	2,62
HR	1,60	1,56	1,55	4,56	4,49	4,47
TR1	0,77	0,75	0,74	3,04	2,82	2,81
TR2	0,82	0,81	0,81	3,12	2,89	2,88
TR3	0,88	0,87	0,86	3,25	3,02	3,02

Tabelle 7.3 stellt die numerisch berechneten Ventilationswiderstände der jeweiligen Radkonfigurationen auf der Fahrerseite des Nutzfahrzeugs dar. Dabei werden zur besseren Vergleichbarkeit der Ergebnisse die aufgeführten Werte mit dem Ventilationswiderstand des Vorderrads mit Längsrillen und einer Standardfelge $F_{Vent,VR}$ normiert.

Es zeigt sich, dass der Einfluss der Profilierung unabhängig von der Felgenform und der Achsenzugehörigkeit eine Erhöhung des F_{Vent} von 180 % bis 290 % bewirkt. Insbesondere steigt der Ventilationswiderstand durch die profilierte Lauffläche an den Rädern des 3-Achs-Agreggats aufgrund der Unterbodendurchströmung und der vergleichsweise exponierten Räder. Dagegen befinden sich die Doppelräder an der Hinterachse im Nachlauf der Vorderräder und sind durch das Radhaus abgeschirmt. Diese zeigen entsprechend einen Anstieg von ca. 180 %. Im Vergleich zu den Ergebnissen aus den Untersuchungen am Fahrzeugmodell ist der Einfluss der Bereifung auf den Ventilationswiderstand beim realen Nutzfahrzeug erheblich größer. Der Grund dafür ist, dass die Untersuchungen an realen Nutzfahrzeugrädern bei einer höheren Anströmgeschwindigkeit bzw. einer höheren Drehgeschwindigkeit der Räder durchgeführt werden. Während die hier vorgestellten Ergebnisse bei einer Anströmgeschwindigkeit von 87,8 km/h durchgeführt werden, fanden die Modellwindkanalversuche und die Strömungssimulationen am Fahrzeugmodell bei ca. 50 km/h, auf den 1:1 Maßstab bezogen statt.

Das Anbringen von aerodynamisch verbesserten Felgen oder Radkappen sorgt im Allgemeinen für eine Senkung des Ventilationswiderstands. Die Eco- und Closed-Felgen zeigen jedoch nahezu unveränderte Ergebnisse. Dieses Verhalten deutet auf eine vergleichsweise ungünstigere Anströmung der Räder hin, welche als Folge der komplexeren Umströmung der realen Unterbodentopologien auftritt.

Das Anbringen der Eco- oder Closed-Felge ermöglicht eine Reduktion des Ventilationswiderstands am Vorderrad mit Längsrillen von ca. 14 %. Diese deutliche Verbesserung ist auf die ungünstige direkte Anströmung der gewölbten Standardfelge zurückzuführen, welche bei flachen Felgen nicht vorhanden ist. Das Vorderrad mit profilierter Bereifung weist ein solches Verhalten nicht auf, was auf die unterschiedliche Strömungsablösung an der Profilierung zurückzuführen ist. Bei den restlichen Rädern am Nutzfahrzeug sorgen die aerodynamisch verbesserten Felgen für eine Senkung des Ventilationswiderstands von 2 % bis 7 %.

Zur Analyse der Strömungsfelder wird in **Abbildung 7.11** und **Abbildung 7.12**, analog zu den Untersuchungen am Fahrzeugmodell, der zeitlich gemittelte Betrag der Geschwindigkeit $|U|$ mit der Anströmgeschwindigkeit U_∞ normiert und auf drei unterschiedliche Radhöheebenen dargestellt. Dabei wird das Strömungsfeld am Vorderrad aufgrund der ausgeprägten Topologie gewählt.

Die in **Abbildung 7.11** dargestellten Strömungsfelder lassen zunächst feststellen, dass der äußere Radlatsch-Wirbel, ähnlich wie beim Fahrzeugmodell, aufgrund der profilierten Bereifung nach hinten verlagert wird. Ebenfalls sorgt die Profilierung auf der Lauffläche für einen unterschiedlichen Strömungsabriss an der Radflanke, welche die Anströmung der Felge beeinflusst.

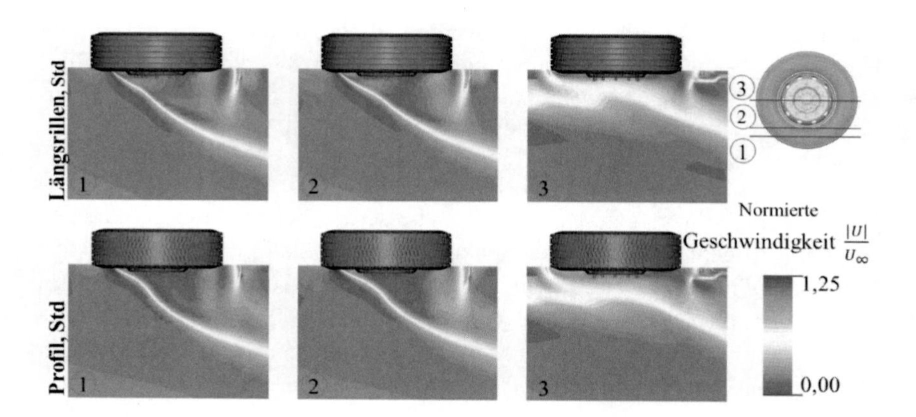

Abbildung 7.11: Strömungsfeld am Vorderrad: Einfluss der Bereifung bei Radkonfigurationen mit einer Standard-Felge

Im Vergleich zu den Beobachtungen am Fahrzeugmodell aus Kapitel 7.1 ist die Auswirkung der Eco-Felge auf die Strömungstopologie im unteren Radbereich sehr moderat. Dies ist in **Abbildung 7.12** dargestellt und kann auf die Unterbodenströmung bei realen Nutzfahrzeugkonfigurationen sowie auf die ungünstigere Anströmung der Räder zurückgeführt werden.

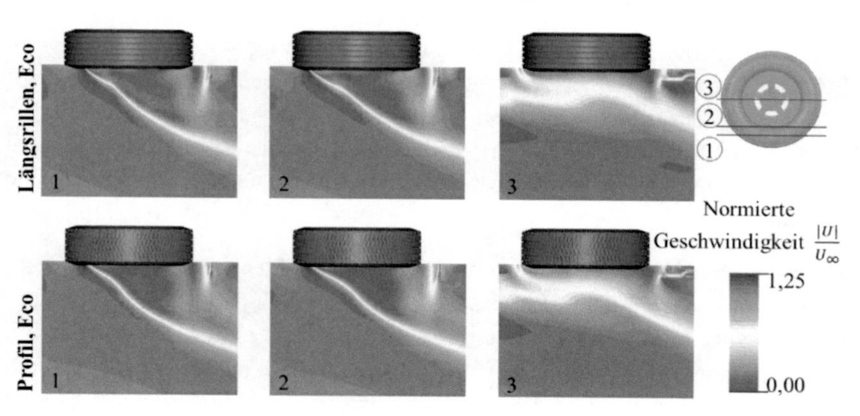

Abbildung 7.12: Strömungsfeld am Vorderrad: Einfluss der Bereifung bei Radkonfigurationen mit einer Eco-Felge

7.4 Beitrag des Ventilationswiderstands auf den Luftwiderstand

In diesem Kapitel wird aufgezeigt, wie der numerisch berechnete Luftwiderstandsbeiwert mit Berücksichtigung des Ventilationsbeiwerts im Vergleich zu dem im Fahrversuch ermittelten Luftwiderstandsbeiwert ausfällt. Zur Bewertung des Einflusses des Ventilationswiderstands werden die numerisch berechneten Luftwiderstandsbeiwerte durch den Ventilationsbeiwert erweitert und den im Fahrversuch ermittelten Beiwerten gegenübergestellt.

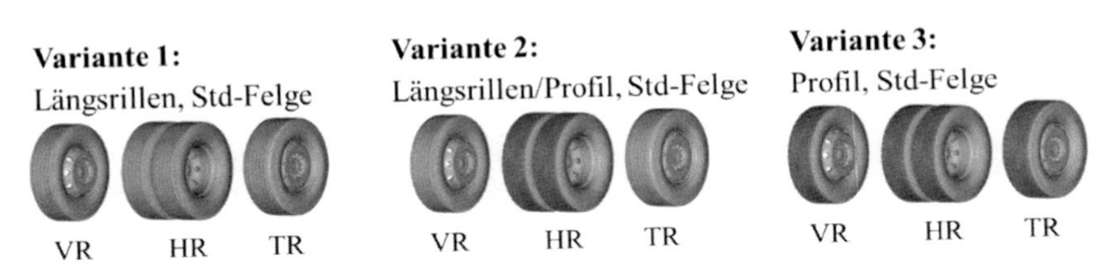

Abbildung 7.13: Übersicht vordefinierter Radkonfigurationen am Nutzfahrzeug in Abhängigkeit der Bereifungsart

Zur Analyse des Beitrags des Ventilationswiderstands werden vordefinierte Radkonfigurationen berücksichtigt, welche üblicherweise bei schweren Nutzfahrzeugen im europäischen Raum eingesetzt werden. Dabei handelt es sich, wie **Abbildung 7.13** dargestellt, um Radvarianten mit unterschiedlichen Bereifungskombinationen an den verschiedenen Achsen. Hierbei stellen *Variante 2* und *Variante 3* die dominierenden Kombinationen am Nutzfahrzeug in Europa dar.

Die Bestimmung des gesamten Ventilationswiderstands eines Nutzfahrzeugs wird aus der Summe der Beiträge der am Fahrzeug montierten Räder gebildet. Der gesamte Ventilationswiderstand der relevanten Varianten aus **Abbildung 7.13** wird entsprechend ermittelt, indem die Einzelbeiträge der jeweiligen Radkonfiguration, welche in **Tabelle 7.3** aufgeführt wurden, addiert werden.

Tabelle 7.4 stellt die berechneten Ventilationswiderstände der jeweiligen Varianten $F_{Vent,Vi}$ dar. Für die Studie des Einflusses der Felgenform wird zudem der Ventilationswiderstand von Varianten mit aerodynamisch verbesserten Felgen analysiert. Hierfür wird der Beitrag der gleichen Varianten aus

Abbildung 7.13 mit Eco-Felgen bzw. Radkappen berücksichtigt. Zudem werden die aufgeführten Ergebnisse des Ventilationswiderstands der jeweiligen Varianten mit dem Ventilationswiderstand der Variante 1 $F_{Vent,V1}$ normiert.

Tabelle 7.4: Normierter Ventilationswiderstand $F_{Vent,Vi}/F_{Vent,V1}$ der unterschiedlichen Varianten aus **Abbildung 7.13** und derselben mit Eco-Felgen

	Var. 1	Var. 2	Var. 3	Var. 1 Eco	Var. 2 Eco	Var. 3 Eco
$\frac{F_{Vent,Vi}}{F_{Vent,V1}}$	1,00	1,58	3,29	0,95 (-4,8%)	1,53 (-3,4%)	3,12 (-5,1%)

Die Ergebnisse zeigen, dass das Anbringen der profilierten Bereifung an der Hinterachse (*Variante 2* nach **Abbildung 7.13**) eine Erhöhung des Ventilationswiderstands von 58 % verursacht. Ebenso sorgt die vollständige Ausrüstung der Räder mit profilierter Bereifung (*Variante 3*) für eine Steigerung des Ventilationswiderstands um 229 % im Vergleich zu einer Konfiguration mit Längsrillen (*Variante 1*). In **Tabelle 7.4** sind zusätzlich die Ventilationswiderstände für die gleichen Varianten mit Eco-Felgen und Eco-Radkappen angegeben. Die Reduktion des Ventilationswiderstands ist aufgrund der Felgenänderung für die jeweilige Variante in Prozent angegeben. Die verbesserten Felgen ermöglichen für die *Varianten 1 und 2* eine Reduktion des gesamten Ventilationswiderstands von ca. 5 %.

Die Berechnung des Ventilationsbeiwerts einer Nutzfahrzeugkonfiguration erfolgt nach Gl. 2.7 und bezieht sich auf den gesamten Ventilationswiderstand der Fahrzeugvariante $F_{Vent,Vi}$ und dessen Stirnfläche A_x. Aus dem Grund, dass der Luftwiderstandskoeffizient c_W ebenfalls auf die Stirnfläche des Fahrzeugs bezogen wird, lassen sich beide Beiwerte direkt miteinander vergleichen. In **Tabelle 7.5** ist das Produkt der Stirnfläche und der Ventilationsbeiwerte der vordefinierten Varianten $A_x \cdot c_{Vent,Vi}$ aufgetragen. Dabei werden zur Vergleichbarkeit der Ergebnisse sowie zur Konsistenz mit den Auswertungen aus Kapitel 1 die aufgeführten Werte mit dem Luftwiderstandsbeiwert des Referenz-Fahrversuchs $A_x \cdot c_{W,Ref}$ normiert. Die Ergebnisse aus **Tabelle 7.5** zeigen, dass der Ventilationswiderstand 1,3 % bis

4,1 % des Luftwiderstandsbeiwerts in Längsrichtung darstellt. Die *Varianten 2 und 3* weisen einen höheren Ventilationsanteil aufgrund des Effekts der profilierten Bereifung auf. Dabei soll darauf beachtet werden, dass die verwendete Bereifungskonfiguration im Fahrversuch einer *Variante 2* entspricht. Aus diesen Grund dienen die vorgestellten Ergebnisse der *Varianten 1 und 3* als Orientierung. Zuletzt zeigt sich, dass der Einfluss der aerodynamisch verbesserten Eco-Felgen auf den Ventilationsbeiwert des Gesamtfahrzeugs im Vergleich zu den Varianten mit Standard-Felge gering ausfällt.

Tabelle 7.5: Normierter Ventilationsbeiwert $\boldsymbol{A_x \cdot c_{Vent,Vi} / A_x \cdot c_{W,Ref}}$ im Prozent der unterschiedlichen Varianten aus **Abbildung 7.13** und derselben mit Eco-Felgen

	Var. 1	Var. 2	Var. 3	Var. 1 Eco	Var. 2 Eco	Var. 3 Eco
$\boldsymbol{\frac{A_x \cdot c_{Vent,Vi}}{A_x \cdot c_{W,Ref}}}$	1,3 %	2,0 %	4,1 %	1,2 %	1,9 %	3,9 %

Zur Beurteilung des Einflusses des Ventilationswiderstands auf den Luftwiderstand werden im Folgenden der Ventilationswiderstand der *Variante 2* den numerisch berechneten und den im Fahrversuch ermittelten Luftwiderstandsbeiwerten gegenübergestellt. Hierfür werden einerseits die durchgeführten Fahrversuche und die entsprechende Ermittlung der Widerstandsbeiwerte mit VECTO Air Drag betrachtet. Diese stellen die ermittelten Grenzwerte des gesamten Luftwiderstandsbeiwerts inklusive des Ventilationswiderstands, welcher implizit im Fahrversuch mitgemessen wird, dar. Andererseits werden die berechneten Luftwiderstandsbeiwerte aus Kapitel 1 berücksichtigt, welche durch die Abbildung der realitätsnahen Anströmung in der numerischen Strömungssimulation entstanden sind. Diese werden zur Bildung des erweiterten Luftwiderstandsbeiwerts c_W^* nach Gl. 2.27 verwendet und ermöglichen folglich den direkten Vergleich des numerisch gewonnenen erweiterten Luftwiderstandsbeiwerts mit jenem aus dem Fahrversuch.

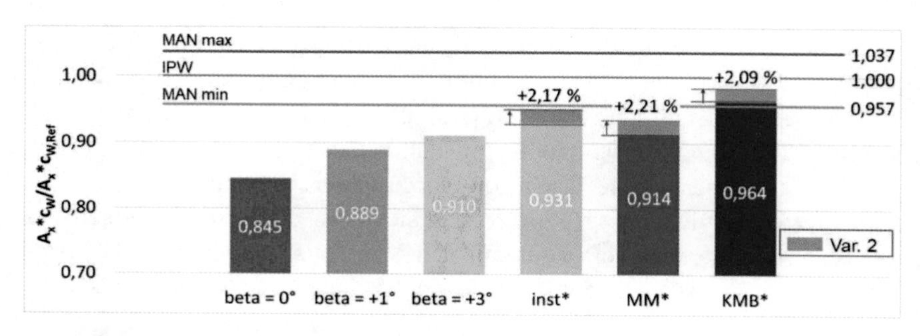

Abbildung 7.14: Gegenüberstellung des in der Strömungssimulation berechneten erweiterten Luftwiderstand und der im Fahrversuch ermittelten Luftwiderstände. Die Ergebnisse sind mit dem Luftwiderstand des Referenz-Fahrversuchs $A_x \cdot c_{W,Ref}$ normiert

Die zuvor genannten aerodynamischen Beiwerte des Sattelzugs sind in **Abbildung 7.14** zusammengefasst. Hier werden mit durchgezogenen Linien die Luftwiderstandsbeiwerte aus den Fahrversuchen der Firmen IPW Automotive und MAN Truck&Bus sowie deren Streubreite dargestellt. Die gemittelten Luftwiderstandsbeiwerte *inst**, *MM** und *KMB** der unterschiedlichen Ansätze zur Modellierung der instationären Anströmung aus Kapitel 6 werden berechnet. Diese werden, wie in **Abbildung 7.14** veranschaulicht, mit dem Beitrag des Ventilationswiderstands der *Variante 2* erweitert. Zuletzt werden in Anlehnung an **Tabelle 7.5** die dargestellten Werte zur besseren Vergleichbarkeit mit dem Luftwiderstandsbeiwert des IPW Fahrversuchs $A_x \cdot c_{W,Ref}$ normiert.

Durch die Berücksichtigung und zusätzliche Analyse des Ventilationswiderstands von Nfz-Rädern zeigt sich, dass dieser einen Einfluss auf den gesamten Luftwiderstandbeiwert des Sattelzugs ausübt. Der Beitrag des in der numerischen Strömungssimulation berechneten Ventilationsbeiwerts bedeutet, wie **Abbildung 7.14** zu entnehmen ist, eine Erhöhung des Luftwiderstandsbeiwerts in Längsrichtung von über 2 % für eine Bereifungskonfiguration *Variante 2*.

Wie in **Abbildung 7.14** dargestellt, weisen die Ergebnisse anhand herkömmlicher Strömungssimulation (*beta=0°*) eine signifikante Abweichung zu dem im Fahrversuch ermittelten Luftwiderstandsbeiwert auf. Hingegen ermöglichen die Berücksichtigung der instationären Anströmung und des Ventilationswiderstands die Minimierung der Abweichung zum Fahrversuch. Der erweiterte Luftwiderstandsbeiwert aus der numerischen Strömungssimulation befindet sich innerhalb der Streuung der Ergebnisse aus dem Fahrversuch. In diesem Zusammenhang kann die Abweichung des berechneten erweiterten Luftwiderstandsbeiwerts zum Fahrversuch in Abhängigkeit der gewählten Modellierung der Anströmung um 6,6 % bis 2,3 % reduziert werden.

8 Schlussfolgerung und Ausblick

Im Rahmen dieser Arbeit wurde die numerische Strömungssimulation erweitert, mit dem Ziel, deren Potenzial als digitales Werkzeug zur Zertifizierung der Aerodynamik von schweren Nutzfahrzeugen aufzuzeigen. Dabei wurde zum einem die Aerodynamik des Nutzfahrzeugs unter instationären Windverhältnissen anhand zahlreicher Fahrversuchsergebnisse analysiert sowie in der numerischen Strömungssimulation abgebildet und untersucht. Zum anderen wurde der Beitrag des Ventilationswiderstands von Nfz-Rädern auf den gesamten Luftwiderstand des Nutzfahrzeugs sowie der Einfluss von Bereifung und Felgenform anhand von Versuchen im Modellwindkanal und numerischer Strömungssimulation ausführlich untersucht.

Da der Einfluss der Abbildung natürlicher Windverhältnisse und die Berücksichtigung des Ventilationswiderstands in der numerischen Strömungssimulation mit Fahrversuchsergebnissen verglichen werden, sind die Kenntnisse über die Bestimmung des Luftwiderstandsbeiwerts anhand der Fahrversuchsprozedur und VECTO Air Drag von besonderer Bedeutung. In diesem Zusammenhang wurde die Vorgehensweise von VECTO Air Drag in MATLAB® implementiert und das Vorgehen zur Ermittlung der Beiwerte entsprechend ausführlich analysiert.

Um das instationäre Verhalten eines Nutzfahrzeugs unter natürlichen Windverhältnissen zu untersuchen, wurde die Strömungssituation charakterisiert, die ein schweres Nutzfahrzeug im Fahrversuch erfährt. Die während des Fahrversuchs aufgenommenen Messdaten dienen nicht nur VECTO Air Drag zur Berechnung des Luftwiderstandsbeiwerts. Sie beinhalten darüber hinaus Informationen sowohl zur Windrichtung und –stärke, als auch über die inhärenten Einflüsse der Topografie, des Bewuchses und der Bebauung auf der Messstrecke. Die Charakterisierung der Strömungssituation impliziert somit eine Beschreibung der Anströmung, welche auf einem konkreten Prüfgelände zu erwarten ist. Entsprechend wurde in MATLAB® ein vollständiger und automatisierter Prozess implementiert, der die Auswertung und Analyse zahlreicher Fahrversuche ermöglichte. Alle Fahrversuche haben gemeinsam, dass sie auf dem Dekra Prüfgelände in Klettwitz stattfanden und jeweils mit zwei unterschiedlichen Prüffahrzeugen der Firma MAN Truck&Bus durchgeführt wurden. Die dabei gewonnene Charakterisierung der Anströmsituati-

C. Peiró Frasquet, *Digitale Zertifizierung der aerodynamischen Eigenschaften von schweren Nutzfahrzeugen*, Wissenschaftliche Reihe Fahrzeugtechnik Universität Stuttgart, https://doi.org/10.1007/978-3-658-46398-4_8

on und der turbulenten Eigenschaften der Strömung im Fahrversuch weisen eine gute Übereinstimmung mit den Ergebnissen anderer Autoren auf.

Die Berücksichtigung der natürlichen Windverhältnisse in den numerischen Untersuchungen haben die Größenordnung der zu beobachtenden Strömungsphänomene und deren Auswirkung auf die Aerodynamik des Nutzfahrzeugs aufgezeigt. Hierfür wurden verschiedene Ansätze zur Abbildung realitätsnaher Anströmungen verwendet, die durch die Anströmrandbedingungen in der numerischen Untersuchung vorgegeben wurden. Die Betrachtung der Windverhältnisse als ein stationäres Ereignis stellt einen vereinfachteren Ansatz dar, bei dem sich stationäre Schräganströmungen, die auf durchschnittliche Windbedingungen aus dem Fahrversuch basieren, modellieren lassen. Die Anwendung dieses Ansatzes bedeutet eine deutliche Zunahme des Luftwiderstandsbeiwerts im Vergleich zu einer idealen Frontalanströmung. Die Abweichung zum Fahrversuchsergebnis bleibt jedoch signifikant groß, was in der vorliegenden Arbeit bestätigt wurde. Aufgrund der vereinfachten Abbildung des Windverhaltens ist dieser Ansatz nur begrenzt zulässig.

Zur Abbildung der natürlichen Windverhältnisse in der Strömungssimulation anhand einer instationären Anströmung wurden drei unterschiedliche Modellierungsmöglichkeiten untersucht. Diese stammen aus zwei Hauptverfahren, die sich hinsichtlich der Modellierung der vorgegebenen Anströmtopologie unterscheiden. Einerseits kann ein aus dem Fahrversuch repräsentatives Messsignal bearbeitet und vorgegeben werden. Andererseits lassen sich anhand der Mann-Methode die natürlichen Merkmale des Windes in Form von Geschwindigkeitsfluktuationsfeldern modellieren. Sowohl der Ansatz des charakteristischen Messsignals, als auch die Mann-Methode wurden in MATLAB® implementiert und eingehend betrachtet. Für alle numerischen Berechnungen wurde der Strömungslöser Simulia PowerFLOW® verwendet.

Aus den vorgestellten numerischen Untersuchungen geht hervor, dass die verwendeten Anströmverfahren aufgrund der zeitabhängigen vorgegebenen Strömungstopologie einen höheren energetischen Zustand der Anströmung hervorrufen. Dieser fördert die Energieverluste in der Strömung und steigert die Luftwiderstandseffekte in den unterschiedlichen Bereichen des Nutzfahrzeugs, was sich in den am Fahrzeug agierenden instationären Kräften widerspiegelt. Es konnte gezeigt werden, dass die tief- und hochfrequenten Strömungsanteile einen wesentlichen Einfluss auf die Aerodynamik des Nutzfahrzeugs haben. Zudem weisen die Anströmverfahren des charakteristischen Messsignals und der Mann-Methode trotz grundlegender unterschiedlicher Abbildung der Anströmung eine vergleichbare Auswirkung auf den resultierenden Luftwiderstandsbeiwert auf.

Um genaue Kenntnisse über die Prognosegüte und Sensitivität der verwendeten Anströmverfahren zur Abbildung der instationären Anströmung in der Strömungssimulation zu erzielen, wurden jeweils zwei unterschiedliche Strömungssituationen aus dem Fahrversuch untersucht, die unter deutlich unterschiedlichen Windverhältnissen stattfanden. Dadurch konnte gezeigt werden, dass die Ergebnisse der unterschiedlichen Anströmverfahren eine vergleichbar ähnliche aerodynamische Auswirkung in Bezug auf die turbulenten Eigenschaften der Anströmung aufweisen. In diesem Zusammenhang beträgt die Abweichung des charakteristischen Messsignals und der Mann-Methode zum Fahrversuchsergebnis jeweils 6,9 % und 8,5 %. Die Anwendung des hybriden Verfahrens sorgt für eine weitere Reduktion der Abweichung des Luftwiderstandsbeiwerts zum Fahrversuch auf ca. 4,1 %. Darüber hinaus ist die Größenordnung der Streubreite aufgrund der abgebildeten Strömungssituation der numerisch gewonnenen Ergebnisse vergleichbar mit der Streuung der im Fahrversuch ermittelten Luftwiderstandsbeiwerte.

Um den Ventilationswiderstand von Nfz-Rädern anhand experimenteller Versuche im Modellwindkanal zu untersuchen, wurde zunächst ein Viertelfahrzeugmodell im Maßstab 1:4,5 entwickelt und gefertigt. Die modulare Bauweise der Räder am Fahrzeugmodell erlaubt die effiziente Untersuchung verschiedener Laufflächentopologien und Felgenformen. Im Experiment wurden sowohl die für den Ventilationswiderstand verantwortlichen aerodynamischen Kräfte, als auch die Strömungstopologie um das Rad und dessen Variationen mithilfe der PIV-Technik gemessen.

Zur Studie und Bestimmung des Ventilationswiderstands von Nfz-Rädern in der numerischen Strömungssimulation wurde eine CFD-Prozedur definiert und validiert. Anhand der Kombination verschiedener Modellierungsansätze zur Abbildung der Rotation in der Strömungssimulation konnten die Nfz-Räder und die entsprechende Strömungstopologie mit einem hohen Detaillierungsgrad dargestellt werden. Die Validierung der CFD-Prozedur erfolgte durch den Abgleich mit den Windkanalversuchen. Es konnte gezeigt werden, dass die Kräfte und Strömungsfelder aus der CFD eine sehr gute Übereinstimmung mit den experimentell gewonnenen Ergebnissen aufweisen und die

Vorhersagegenauigkeit sowie Sensitivität des Versuchs bei der Bestimmung des Ventilationsmoments eines Rads widerspiegeln.

Im Rahmen der Ermittlung des Ventilationswiderstands eines realen Nutzfahrzeugs in der numerischen Strömungssimulation wurden die unterschiedlichen Anströmsituationen der Räder ausführlich analysiert. Hierfür wurden die am Fahrzeug vorhandenen Achsen mit verschiedenen Bereifungs- und Felgenvarianten untersucht, wofür die zu untersuchenden Nutzfahrzeugräder vom Typ 315/70 R 22.5 mit deformationsfreien Bereifungen modelliert wurden. Aus den numerischen Untersuchungen am gesamten Nutzfahrzeug ging hervor, dass der Ventilationswiderstand bei Nutzfahrzeugkonfigurationen mit den üblicherweise im europäischen Raum eingesetzten Bereifungen und Felgen zwischen 1,3 % und 4,3 % des gesamten Luftwiderstandsbeiwerts darstellt. Dabei konnte eine Erhöhung des Ventilationswiderstands bei Konfigurationen mit überwiegend profilierter Bereifung festgestellt werden. Durch die Gegenüberstellung der numerisch gewonnenen und der aus den Fahrversuchen ermittelten Beiwerte konnte gezeigt werden, dass die Berücksichtigung des Ventilationswiderstands in CFD die Abweichung zum Fahrversuch verringert.

Die im Rahmen dieser Arbeit durchgeführten Untersuchungen haben den Einfluss der instationären Anströmung und die Größenordnung des Ventilationswiderstands und deren Beitrag auf den gesamten Luftwiderstandsbeiwert eines realen Sattelzugs aufgezeigt. Darüber hinaus wurden diese als relevante Einflussfaktoren für die Abweichung der Ergebnisse zwischen CFD und Fahrversuch identifiziert. Es wurde zudem gezeigt, welche Modellierungsansätze zur korrekten Bestimmung des Luftwiderstands in der numerischen Strömungssimulation verwendet werden sollten. Derartige Kenntnisse sollten nicht nur bei der Zertifizierung verwendet, sondern auch bereits im Entwicklungsprozess von Nutzfahrzeugen mitberücksichtigt werden. Damit kann erreicht werden, dass sich die in der Entwicklung erzielten Beiwerte jenen aus den Fahrversuchen nähern.

Literaturverzeichnis

[1] Europäische Union, "Verordnung (EU) 2019/1242 des europäischen Parlaments und des Rates vom 20. Juni 2019," 2019.

[2] Peiró Frasquet, C. and Indinger, T., "Schwere Nutzfahrzeugkonfigurationen unter Einfluss realitätsnaher Anströmbedingungen," *Forschungsvereinigung Automobiltechnik e.V* 281, 2014.

[3] Peiró Frasquet, C. and Indinger, T., "Bestimmung des Luftwiderstandsbeiwerts von realen Nutzfahrzeugen im Fahrversuch und Vergleich verschiedener Verfahren zur numerischen Simulation," *Forschungsvereinigung Automobiltechnik e.V*, 2017.

[4] Bendat, J.S. and Piersol, A.G., "Engineering applications of correlation and spectral analysis," 2nd ed., John Wiley & Sons, New York, ISBN 978-0-471-57055-4, 1993.

[5] Bendat, J.S. and Piersol, A.G., "Random data: Analysis and measurement procedures," Wiley series in probability and statistics, 4th ed., Wiley, Hoboken, N.J., ISBN 978-0-470-24877-5, 2010.

[6] Stoll, D., "Ein Beitrag zur Untersuchung der aerodynamischen Eigenschaften von Fahrzeugen unter böigem Seitenwind," Wissenschaftliche Reihe Fahrzeugtechnik Universität Stuttgart, Springer Fachmedien Wiesbaden, Wiesbaden, ISBN 978-3-658-21545-3, 2018.

[7] Nicholas Oettle, "The Effects of Unsteady On-Road Flow Conditions on Cabin Noise," Dissertation, School of Engineering and Computing Sciences, Durham, 2013.

[8] Charalampos Kounenis, "Effects of Wind-Tunnel Simulation of On-Road Conditions," Dissertation, Durham University, 2018.

[9] Schröck, D., "Eine Methode zur Bestimmung der aerodynamischen Eigenschaften eines Fahrzeugs unter böigem Seitenwind," Zugl.: Stutt-

C. Peiró Frasquet, *Digitale Zertifizierung der aerodynamischen Eigenschaften von schweren Nutzfahrzeugen*, Wissenschaftliche Reihe Fahrzeugtechnik Universität Stuttgart, https://doi.org/10.1007/978-3-658-46398-4

gart, Univ., Diss., 2011, Schriftenreihe des Instituts für Verbrennungsmotoren und Kraftfahrwesen der Universität Stuttgart, vol. 60, Expert-Verl., Renningen, ISBN 978-3-8169-3147-8, 2012.

[10] ESDU 74030, "Characteristics of atmospheric turbulence near the ground. Part I: definitions and general information.," 1976.

[11] Cooper, K.R. and Watkins, S., "The Unsteady Wind Environment of Road Vehicles, Part One: A Review of the On-road Turbulent Wind Environment," doi:10.4271/2007-01-1236.

[12] Wordley, S. and Saunders, J.W., "On-road Turbulence," *SAE Int. J. Passeng. Cars – Mech. Syst.* 1(1):341–360, 2009, doi:10.4271/2008-01-0475.

[13] Wordley, S. and Saunders, J.W., "On-road Turbulence: Part 2," *SAE Int. J. Passeng. Cars – Mech. Syst.* 2(1):111–137, 2009, doi:10.4271/2009-01-0002.

[14] McAuliffe, B.R., "Improving the aerodynamic efficiency of heavy duty vehicles: wind tunnel test results of trailer-based drag-reduction technologies," doi:10.4224/21275397.

[15] McAuliffe, B.R., D'Auteuil, A., and Souza, F. de, "Aerodynamic testing of drag reduction technologies for HDVs: progress toward the development of a flow treatment system (year 2) version for public release," doi:10.4224/23000643.

[16] Link, A., "Analyse, Messung und Optimierung des aerodynamischen Ventilationswiderstands von Pkw-Rädern," Springer Fachmedien Wiesbaden, Wiesbaden, ISBN 978-3-658-22285-7, 2018.

[17] T. v. Kármán, "Hauptaufsätze über laminare und turbulente Reibung," Zeitschrift für angewandte Mathematik und Mechanik, 1921.

[18] G. Kempf, "Über Reibungswiderstand rotierender Scheiben," Vorträge aus dem Gebiete der Hydro- und Aerodynamik, Innsbruck, 1922.

[19] H. Schlichting und E. Truckenbrodt, "Exakte Lösungen der Navier-Stokes-Gleichungen," Grenzschichttheorie, pp. 120-124, Springer Berlin Heidelberg, 2006.

[20] Blumrich, R., Mercker, E., Michelbach, A., Vagt, J.-D., Widdecke, N.,Wiedemann, J.: Windkanäle und Messtechnik. In: Schütz, T., "Hucho - Aerodynamik des Automobils: Strömungsmechanik, Wärmetechnik, Fahrdynamik, Komfort," SpringerLink Bücher, 6th ed., Springer Vieweg, Wiesbaden, ISBN 978-3-8348-2316-8, 2013.

[21] Wiedemann, J. and Potthoff, J., "The New 5-Belt Road Simulation System of the IVK Wind Tunnels - Design and First Results," doi:10.4271/2003-01-0429.

[22] Wittmeier, F., "The Recent Upgrade of the Model Scale Wind Tunnel of University of Stuttgart," *SAE Int. J. Passeng. Cars – Mech. Syst.* 10(1):203–213, 2017, doi:10.4271/2017-01-1527.

[23] Thivolle-Cazat, E. and Gilliéron, P., "Flow analysis around a rotating wheel," 13th Int Symp on Applications of Laser Techniques to Fluid Mechanics, 2006.

[24] Gulyás, A., Bodor, Á., Regert, T., and Jánosi, I.M., "PIV measurement of the flow past a generic car body with wheels at LES applicable Reynolds number," *International Journal of Heat and Fluid Flow* 43(4):220–232, 2013, doi:10.1016/j.ijheatfluidflow.2013.05.012.

[25] Schönleber, C., "Untersuchung von transienten Interferenzeffekten in einem Freistrahlwindkanal für Automobile," Dissertation, Springer eBook Collection, Springer Fachmedien Wiesbaden, Wiesbaden, ISBN 978-3-658-32717-0, 2021 // 2020.

[26] "PowerFLOW User's Guide," Release 5.5, 2018.

[27] Chen, H., Teixeira, C., and Molvig, K., "Digital Physics Approach to Computational Fluid Dynamics: Some Basic Theoretical Features," *Int. J. Mod. Phys. C* 08(04):675–684, 1997, doi:10.1142/S0129183197000576.

[28] Succi, S. (ed.), "The lattice Boltzmann equation: For fluid dynamics and beyond," Oxford science publications, Univ. Press, Oxford, ISBN 978-0199679249, 2013.

[29] Kotapati, R., Keating, A., Kandasamy, S., Duncan, B. et al., "The Lattice-Boltzmann-VLES Method for Automotive Fluid Dynamics Simulation, a Review," doi:10.4271/2009-26-0057.

[30] Parpais, S., Farce, J., Bailly, O., Genty, H., "A Comparison of Experimental Investigations and Numerical Simulations around Two-box form Models," MIRA, 2002.

[31] Fischer, O., Kuthada, T., Wiedemann, J., Dethioux, P. et al., "CFD Validation Study for a Sedan Scale Model in an Open Jet Wind Tunnel," doi:10.4271/2008-01-0325.

[32] Kandasamy, S., Duncan, B., Gau, H., Maroy, F. et al., "Aerodynamic Performance Assessment of BMW Validation Models using Computational Fluid Dynamics," doi:10.4271/2012-01-0297.

[33] Versteeg, H.K. and Malalasekera, W., "An introduction to computational fluid dynamics: The finite volume method," 2nd ed., Pearson/Prentice Hall, Harlow, ISBN 9780131274983, 2007.

[34] Jayanti, S., "Computational fluid dynamics for engineers and scientists," Springer, Dordrecht, The Netherlands, ISBN 978-94-024-1217-8, 2018.

[35] "PowerFLOW Best Practices Guide for External Aerodynamics," Release 5.5, 2018.

[36] Peiró Frasquet, C. and Indinger, T., "Numerische Untersuchungen zur Aerodynamik von Nutzfahrzeugkombinationen bei realitätsnahen Fahrbedingungen unter Seitenwindeinfluss," *Forschungsvereinigung Automobiltechnik e.V*, 2013.

[37] Stoll, D., Schoenleber, C., Wittmeier, F., Kuthada, T. et al., "Investigation of Aerodynamic Drag in Turbulent Flow Conditions," *SAE Int. J. Passeng. Cars – Mech. Syst.* 9(2):733–742, 2016, doi:10.4271/2016-01-1605.

[38] Stoll, D., Kuthada, T., and Wiedemann, J., "Experimental and Numerical Investigation of Aerodynamic Drag in Turbulent Flow Conditions," *Institution of Mechanical Engineers (IMechE)*:173–187, 2016.

[39] Zhivko Nikolov, "Effect of upstream turbulence on truck aerodynamics," Examensarbeit, Universität Linköping, Linköping, 2017.

[40] Dillmann, A. and Orellano, A., "The Aerodynamics of Heavy Vehicles III," vol. 79, Springer International Publishing, Cham, ISBN 978-3-319-20122-1, 2016.

[41] Söderblom, D., “Wheel housing aerodynamics of heavy trucks,” Zugl.: Göteborg, Univ., Diss., 2012, Doktorsavhandlingar vid Chalmers Tekniska Högskola, N.S., 3309, Chalmers Univ. of Technology, Göteborg, ISBN 978-91-7385-628-7, 2012.

[42] Scheeve, T.S., “Truck wheelhouse aerodynamics: Numerical investigations into the phenomena in heavy truck wheelhouses,” Master Thesis, Delft University of Technology, 2013.

[43] T. Theodorsen und R. Regier, “Experiments on Drag of Revolving Disks, Cylinders and Streamline Rods at High Speeds,” Report 793, pp. 4-6, 1945.

[44] Kamm, W. and Schmid, C., “Messung der Fahrleistungen und Fahreigenschaften von Kraftfahrzeugen,” Das Versuchs- und Meßwesen auf dem Gebiet des Kraftfahrzeugs, pp. 179-180, Julius Springer, 1938.

[45] Hahnenkamm, A., Grilliat, J., and Antonio, D., “Rotatory and translatory aerodynamic drag of car wheels,” 13. Internationales Stuttgarter Symposium, 2013.

[46] Wickern, G., Zwicker, K., and Pfadenhauer, M., “Rotating Wheels - Their Impact on Wind Tunnel Test Techniques and on Vehicle Drag Results,” doi:10.4271/970133.

[47] Mayer, W. and Wiedemann, J., “The Influence of Rotating Wheels on Total Road Load,” doi:10.4271/2007-01-1047.

[48] Vdovin, A., “Numerical and experimental investigations on aerodynamic and thermal aspects of rotating wheels,” Zugl.: Göteborg, Univ., Diss., 2015, Doktorsavhandlingar vid Chalmers Tekniska Högskola, N.S., 3927, Chalmers Univ. of Technology, Göteborg, ISBN 978-91-7597-246-6, 2015.

[49] Vdovin, A., Lofdahl, L., and Sebben, S., “Investigation of Wheel Aerodynamic Resistance of Passenger Cars,” *SAE Int. J. Passeng. Cars – Mech. Syst.* 7(2):639–645, 2014, doi:10.4271/2014-01-0606.

[50] Wiedemann, J., “Verfahren und Windkanalwaage bei aerodynamischen Messungen an Fahrzeugen,” Patent EP 0 842 407 B1.

[51] Tesch, G. and Modlinger, F., “Die Aerodynamik-Felge von BMW - Einfluss und Gestaltung von Rädern zur Minimierung von Fahrwiderständen,” HdT-Tagung: Fahrzeugaerodynamik, München, 2012.

[52] Rodríguez, F., “Fuel Consumption Simulation of HDVs in the EU: Comparisons and Limitations,” The International Council on Clean Transportation (ICCT), 2018.

[53] Europäische Union, “Verordnung (EU) 2017/2400 der Kommission zur Durchführung der Verordnung (EG) Nr. 595/2009 des Europäischen Parlaments und des Rates hinsichtlich der Bestimmung der CO2-Emissionen und des Kraftstoffverbrauchs von schweren Nutzfahrzeugen sowie zur Änderung der Richtlinie 2007/46/EG des Europäischen Parlaments und des Rates sowie der Verordnung (EU) Nr. 582/2011 der Kommission,” 2017.

[54] Delgado, O., Rodrígez, F., Zacharof, N., “Comparison of Aerodynamic Drag Determination Procedures for HDV CO2 Certification,” The International Council on Clean Transportation, 2019.

[55] Rexeis, M., Dippold, M., Anagnostopoulos, K., “VECTO Air Drag V3.1.0: User Manual,” EUROPEAN COMMISSION DG CLIMA, 2017.

[56] Rodriguez, J.F., Delgado, O., Demirgok, B., Baki, C. et al., “Heavy-Duty Aerodynamic Testing for CO 2 Certification: A Methodology Comparison,” doi:10.4271/2019-01-0649.

[57] Schröck, D. u. Wagner, A.: Aerodynamik und Fahrstabilität. In: Schütz, T. (Hrsg.): “Hucho - Aerodynamik des Automobils: Strömungsmechanik, Wärmetechnik, Fahrdynamik, Komfort,” ATZ/MTZ-Fachbuch, 6th ed., Springer Vieweg, Wiesbaden, ISBN 978-3-8348-2316-8, 2013.

[58] Kopp, S. u. Frank, T.: Nutzfahrzeuge. In: Schütz, T. (Hrsg.): “Hucho - Aerodynamik des Automobils: Strömungsmechanik, Wärmetechnik, Fahrdynamik, Komfort,” ATZ/MTZ-Fachbuch, 6th ed., Springer Vieweg, Wiesbaden, ISBN 978-3-8348-2316-8, 2013.

[59] Mann, J., “The spatial structure of neutral atmospheric surface-layer turbulence,” *J. Fluid Mech.* 273(Vol. 273):141–168, 1994, doi:10.1017/S0022112094001886.

[60] Mann, J., “Wind field simulation,” *Probabilistic Engineering Mechanics* 13(4):269–282, 1998, doi:10.1016/S0266-8920(97)00036-2.

[61] Mann, J., “Atmospheric turbulence,” Technische Universität Dänemark, Roskilde, 2012.

[62] Ferziger, J.H. and Perić, M., “Computational Methods for Fluid Dynamics,” Springer Berlin Heidelberg, Berlin, Heidelberg, s.l., ISBN 978-3-642-56026-2, 2002.

[63] Luo, J.Y., Issa, R.I., and Gosman, A.D., “Prediction of impeller induced flows in mixing vessels using multiple frames of reference,” 136:549–556, I. Chem. E. Symposium Series, 1994.

[64] Demirdžić, I. and Perić, M., “Finite volume method for prediction of fluid flow in arbitrarily shaped domains with moving boundaries,” *Int. J. Numer. Meth. Fluids* 10(7):771–790, 1990, doi:10.1002/fld.1650100705

[65] H. Jasak and H. Rusche, “Dynamic mesh handling in OpenFOAM,” Orlando, Florida, 2009.

[66] Dougherty, F.C., “Development of a Chimera Grid Scheme with Applications to Unsteady Problems,” Dissertation, Stanford University, 1985.

[67] Chesshire, G. and Henshaw, W.D., “Composite overlapping meshes for the solution of partial differential equations,” Journal Computational Physics 90, S. 1–64, 1990.

[68] Brown, D.L., Henshaw, W.D., and Quinlan, D.J. (eds.), “OVERTURE: Object-oriented tools for overset grid applications,” AIAA Paper Nr. 99-3130, 1999.

[69] Schwarz, T., “Ein blockstrukturiertes Verfahren zur Simulation der Umströmung zur Simulation der Umströmung,” Dissertation, Institut für Aerodynamik und Strömungstechnik Braunschweig, 2005.

[70] Hadžić, H., “Development and application of a finite volume method for the computation of flows around moving bodies on unstructured, over-

lapping grids," Dissertation, Techn. Univ. Hamburg-Harburg, Institut für Fluiddynamik, 2005.

[71] Peskin, C.S., "Flow patterns around heart valves: A numerical method," *Journal of Computational Physics* 10(2):252–271, 1972, doi:10.1016/0021-9991(72)90065-4.

[72] Roy, S., De, A., and Balaras, E., "Immersed Boundary Method," Singapore, 2020.

[73] Mittal, R. and Iaccarino, G., "IMMERSED BOUNDARY METHODS," vol. 37, 2005.

[74] Jindal, S., Khalighi, B., Johnson, J.P., Chen, K.-H. et al., "The Immersed Boundary CFD Approach for Complex Aerodynamics Flow Predictions,"

[75] Hylla, E.A., "Eine Immersed Boundary Methode zur Simulation von Strömungen in komplexen und bewegten Geometrien," Zugl.: Berlin, Techn. Univ., Diss., 2012, Univ.-Verl. der TU Berlin, Berlin, ISBN 978-3-7983-2531-9, 2013.

[76] F. Damiani, G. Iaccarino, G. Kalitzin, and B. Khalighi, "Unsteady flow simulations of wheel-wheelhouse configurations," Proceedings of the 34th AIAA Fluid Dynamics Conference and Exhibit, 2004.

[77] Wäschle, A., "Numerische und experimentelle Untersuchung des Einflusses von drehenden Rädern auf die Fahrzeugaerodynamik," Zugl.: Stuttgart, Univ., Diss., 2006, Schriftenreihe des Instituts für Verbrennungsmotoren und Kraftfahrwesen der Universität Stuttgart, vol. 27, Expert-Verl., Renningen, ISBN 978-3-8169-2659-7, 2006.

[78] Hobeika, T. and Sebben, S., "CFD investigation on wheel rotation modelling," *Journal of Wind Engineering and Industrial Aerodynamics* 174(1):241–251, 2018, doi:10.1016/j.jweia.2018.01.005.

[79] S. Vilfayeau, Ch. Pesci, S. Ferraris, A. Heather, F. Roesler, "Improvement of Arbitrary Mesh Interface (AMI) Algorithm for External Aerodynamic Simulation with Rotating Wheels," 2021.

[80] Reiß, J., Sebald, J., Haag, L., Zander, V. et al., "Experimental and Numerical Investigations on Isolated, Treaded and Rotating Car Wheels," doi:10.4271/2020-01-0686.

[81] Peiró Frasquet, C., Kuthada, T., and Wiedemann, J., "Potenzialuntersuchung und Validierung von innovativen Verfahren zur Simulation der Radaerodynamik," 13. HdT-Tagung: Fahrzeugaerodynamik, München, 2018.

[82] Peiró Frasquet, C., Kuthada, T., Wagner, A., and Wiedemann, J., "Analyse der Einflussfaktoren auf die Abweichung zwischen CFD und Fahrversuch bei der Bestimmung des Luftwiderstands von Nutzfahrzeugen," FAT-Schriftenreihe 330, 2020.

[83] Peiró Frasquet, C., Kuthada, T., Wagner, A., and Wiedemann, J., "Analyse der Einflussfaktoren auf die Abweichung zwischen CFD und Fahrversuch bei der Bestimmung des Luftwiderstands von Nutzfahr-zeugen mit Fokus auf den Ventilationswiderstand von Nfz-Rädern," FAT-Schriftenreihe 359, 2022.

[84] Peiró Frasquet, C., Stoll, D., Kuthada, T., and Wagner, A., "Experimental and Numerical Investigation of the Aerodynamic Ventilation Drag of Heavy-Duty Vehicle Wheels," *Fluids* 8(2):64, 2023, doi:10.3390/fluids8020064.

[85] Continental, "Nutzfahrzeugreifen - Technischer Ratgeber," 2018.

Anhang

A1. Fluideigenschaften

Tabelle A.1: Fluideigenschaften und initiale Bedingungen

Charakteristischer Druck	101325 Pa
Charakteristische Temperatur	20 °C
Charakteristische Viskosität	$1{,}49 \cdot 10^{-5}$ m^2/s
Charakteristische Geschwindigkeit	27,1 m/s
Turbulente Intensität	0,01 %
Turbulente Länge	5 mm

C. Peiró Frasquet, *Digitale Zertifizierung der aerodynamischen Eigenschaften von schweren Nutzfahrzeugen*, Wissenschaftliche Reihe Fahrzeugtechnik Universität Stuttgart, https://doi.org/10.1007/978-3-658-46398-4

A2. Turbulenzgrößen anhand der Mann-Methode

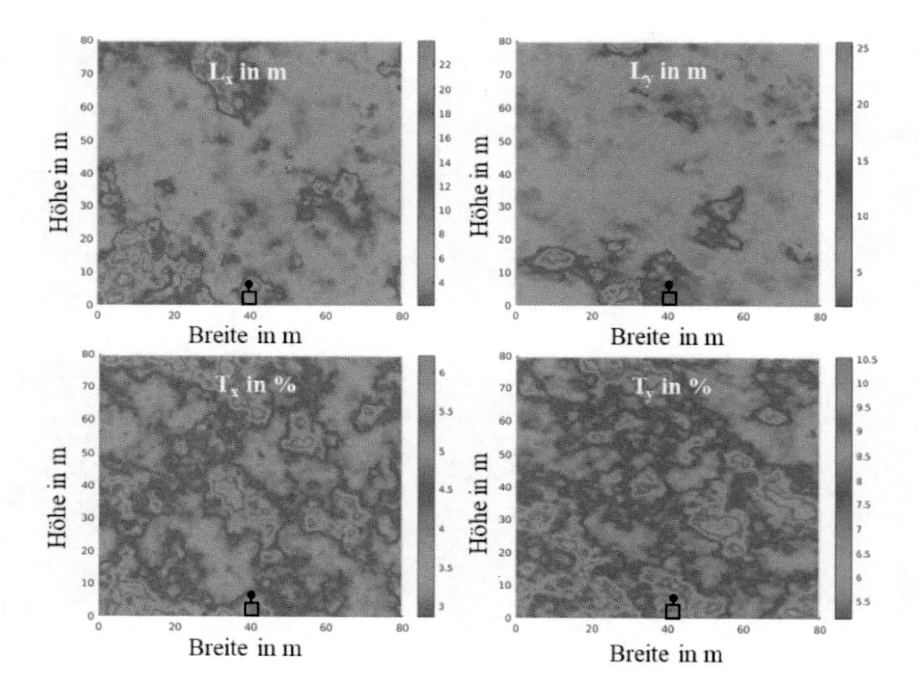

Abbildung A.1: Längenskala und turbulente Intensität zur Abbildung der Strömungssituation *Fahrversuch T3*

A3. Zeitliche Entwicklung des Luftwiderstandsbeiwerts

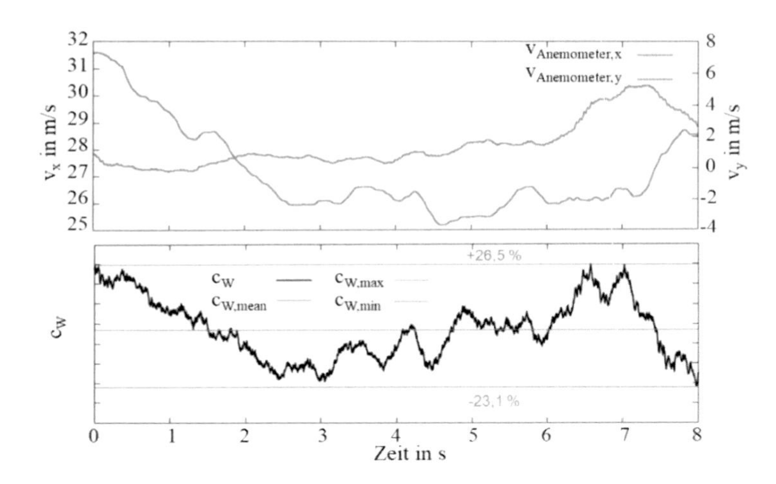

Abbildung A.2: Charakteristisches Messsignal *inst_T3*: Luftwiderstandsbeiwert und Geschwindigkeit

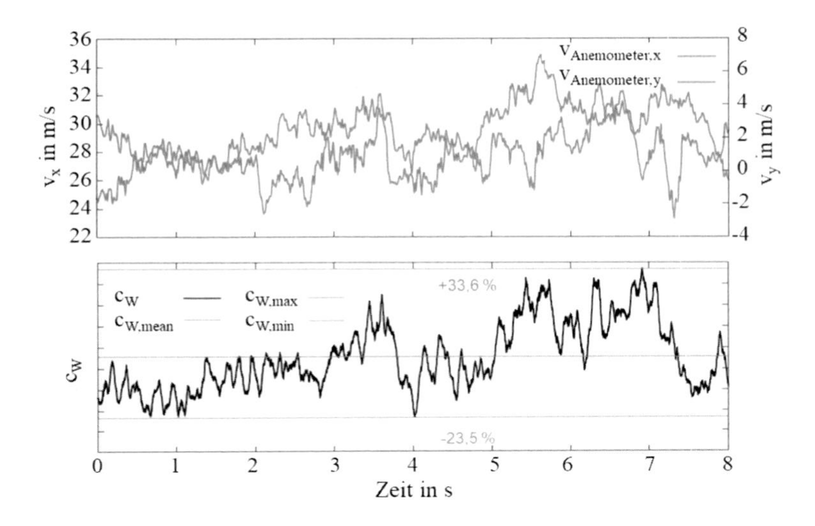

Abbildung A.3: Mann-Methode *MM_T3*: Luftwiderstandsbeiwert und Geschwindigkeit

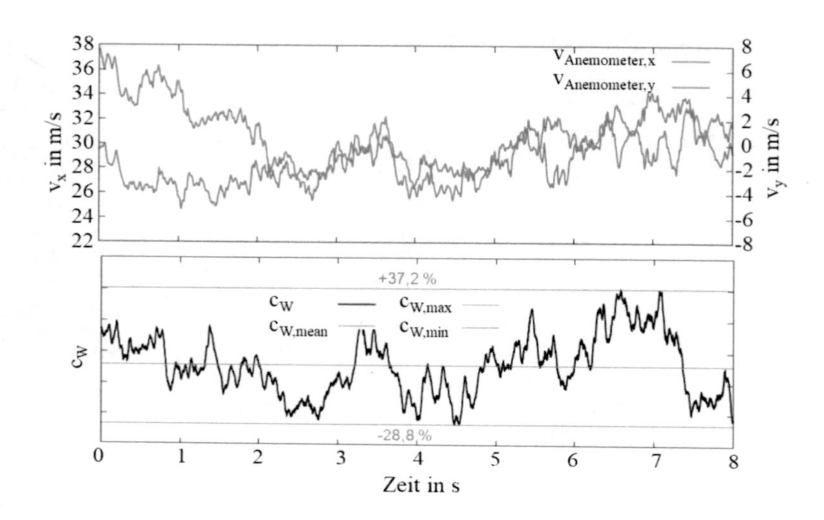

Abbildung A.4: Hybrides Verfahren *KMB_T3*: Luftwiderstandsbeiwert und Geschwindigkeit

A4. Abmessung des Fahrzeugmodells

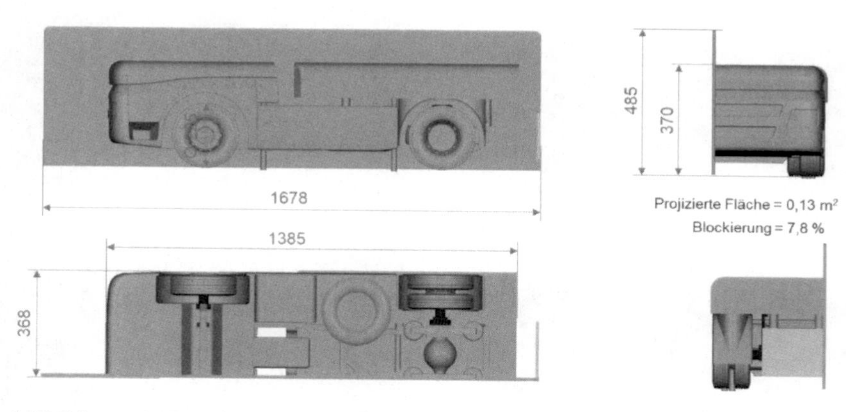

Abbildung A.5: Abmessung (mm) des Fahrzeugmodells im Maßstab 1:4,5